AFFILIATE MARKETING—
Geld verdienen im Internet ohne eigene Produkte

Udo Gollub

Copyright:
Udo Gollub
www.linkedin.com/in/udogollub
www.xing.com/profile/Udo_Gollub

Titel: Affiliate Marketing – Geld verdienen im Internet ohne eigene Produkte
Autor: Udo Gollub
ISBN 978-3-86725-997-2
Verlag: Sprachenlernen24, Udo Gollub, München
Gedruckt in Deutschland
1. Auflage 2014
www.sprachenlernen24.de
www.sprachenlernen24-affiliates.de

Haftungsausschluss:
Alle Beschreibungen, Tipps, Webseiten, Programme, Grafiken, Materialien, etc. wurden nach bestem Wissen erstellt und mit Sorgfalt getestet. Dennoch lassen sich Fehler nicht ganz ausschließen. Daher übernehmen wir keine Garantien für mögliche Fehler oder Folgeschäden, die in Verbindung mit der Verwendung, Ausführung, Bereitstellung und Leistung dieser Beschreibungen, Tipps, Webseiten, Programme, Grafiken und Materialien auf unseren Webseiten entstehen. Haftungshinweis: Trotz sorgfältiger inhaltlicher Kontrolle übernehmen wir keine Haftung für die Inhalte externer Links. Für den Inhalt der verlinkten Seiten sind ausschließlich deren Betreiber verantwortlich. Für Irrtümer, Druck- und Übertragungsfehler übernehmen wir keine Haftung. Alle Produkt- und Markennamen sind Warenzeichen der jeweiligen Hersteller.

INHALTSVERZEICHNIS

1. EINFÜHRUNG: WAS ERWARTET SIE IN DIESEM BUCH? 11
2. WIE VIEL VERDIENT MAN ALS AFFILIATE? 13
3. SO FINDEN SIE DAS RICHTIGE PARTNERPROGRAMM 14
   Die für Sie besten Produkte zum Verkaufen 14
   Die für Sie beste Firma als Affiliate 14
   Zur Info: Sprachenlernen24 16
4. BAUEN SIE DIE PERFEKTE WEBSEITE AUF UND OPTIMIEREN SIE DIESE FÜR DIE SUCHMASCHINEN 17
   So haben wir 4.731.673 Besucher über Google bekommen – ohne dafür auch nur einen Cent zu bezahlen 18
   Domain und URLs 19
   Wie Sie mit der richtigen Überschrift Ihren Umsatz deutlich steigern können 20
   So funktionieren Splittests 21
   Wie Sie den Inhalt Ihrer Webseite am besten aufbauen sollten .. 23
   Der richtige „Call to Action" 24
   Das korrekte Impressum 25
   Menü oder Verlinkung Ihrer Seiten 25
   Newsletterbox 26
   Ablenkende Objekte 27
   Die richtige grafische Gestaltung 28
   Eigene Facebookgruppe und Google Plus 28
   Google Analytics 28

Ihr Verdienst bei Sprachenlernen24 29

5. LINK BUILDING: WIE SIE NACHHALTIG ZAHLREICHE LINKS ZU IHRER SEITE AUFBAUEN UND DADURCH VIELE BESUCHER AUF IHRE SEITE ZIEHEN 30

Hintergrundwissen: Was bedeutet das Schlagwort „PageRank"? 31

Wie können Sie den PageRank Ihrer Seiten positiv beeinflussen? 32

Wieso sollte jemand ausgerechnet auf Ihre Seite verlinken? 32

Insider-Tipps aus der Sprachenlernen24-Redaktion: 34

Gastartikel schreiben 34

Wie Sie Links von anderen Webseiten erhalten 35

Bieten Sie anderen einen Linktausch an 35

Zahlen Sie für Links 39

Antworten Sie auf Fragen in Foren 40

Schreiben Sie Pressemitteilungen 41

Posten Sie Links oder Artikel auf Facebook, Xing, Twitter oder LinkedIn 41

Weitere Tipps, um Ihre Seiten besser zu listen 42

Zusammenfassung 42

6. WIE DIE LINKS AUF IHRER SEITE AUSSEHEN SOLLTEN 44

Welche Produkte können Sie generell anbieten? 44

Welche Arten von Links funktionieren? 45

Wie sollten die Links aussehen? 46

Wie hoch ist die Verkaufsquote? 47

7. BANNERWERBUNG AUF IHREN SEITEN 49
8. BANNERWERBUNG AUF FREMDEN SEITEN 50
9. GOOGLE ADWORDS 52

Was sind Google AdWords und wieso ist die Werbung dort so effektiv?..................52

Wieso lohnt es sich, mit Google AdWords für Sprachkurse zu werben?..................53

Welche Keywords (=Suchbegriffe) sollte ich wählen?..................54

Geeignete Google AdWords Suchbegriffe..................55

Ungeeignete Suchbegriffe..................58

Für welches Produkt sollte ich werben?..................59

Weitere Tipps, um mehr Klicks zu erzielen..................59

Wie Sie immer auf dem 1. Platz erscheinen..................61

Die sofortige Erfolgskontrolle..................62

10. GOOGLE ADS: KLICKS FÜR WENIGE CENTS..................63

11. FACEBOOK ADS – WIE SIE DURCH FACEBOOK-WERBEANZEIGEN HAUFENWEISE SPRACHKURSE VERKAUFEN KÖNNEN..................68

Zielgruppe..................71

Die Kampagne im Zielland..................72

Die Kampagne in Deutschland, Österreich und der Schweiz..................73

Die Kampagne für zweisprachige Beziehungen..................74

Die Kampagne für die Hauptseite..................75

Sonstige Ideen..................76

Nur ein „Suchbegriff" pro Annonce!..................77

Eingrenzung des Alters..................78

Kampagnen, Preise und Planung..................79

Gebote..................79

Weitere Werbeanzeigen erstellen..................81

Schnelle Erfolgskontrolle..................82

Falls eine Annonce keinen Profit bringt..................83

12. So starten Sie Online-Auktionen auf eBay.de 85
Einloggen 85
Versandbedingungen 85
Rücknahme 86
Versand 86
Zahlungsbedingungen 87
Starten Sie den Verkauf 88
Artikelbezeichnung 88
Kategorie 90
Artikelzustand 90
Bild 90
ISBN 90
Zusatzoptionen 90
Details 91
Anbieterkennzeichnung und Widerrufsrecht 92
Angebotsformat und Preis 93
Angebotsdauer 94
Artikelstandort 95
Nach dem Ende der Auktion 95
Speichern Sie alle Daten ab 96
Starten Sie viele Online-Auktionen gleichzeitig 96
Alle Links auf einen Blick 96

13. Verkaufen Sie direkt auf Amazon.de 98
Wieso Sie auf Amazon.de verkaufen sollten 98
Schritt-für-Schritt-Anleitung 99
Infos zu Dropshipping und Wiederverkaufspaketen ... 102

14. Über YouTube und iTunes neue Kunden finden 103

So finden Sie Inhalte für Ihre Videos 103
Das richtige Equipment 104
So nehmen Sie Ihr Video auf 105
Die richtige Nachbearbeitung Ihres Videos 106
Bei Youtube veröffentlichen 106
Bei iTunes veröffentlichen 107
15. EIGENER INTERNETSHOP 108
16. ÜBER XING UND LINKEDIN KUNDEN FINDEN 110
Perfektes Profil aufbauen 110
Wie Sie Ihr Netzwerk knüpfen und erweitern 114
Mögliche Kundengruppen 116
Wie Sie sich in Gruppen als Experte positionieren 116
Kunden finden 118
Was Sie verdienen werden 119
17. E-MAIL-MARKETING: WIE SIE DURCH E-MAILS GELD VERDIENEN KÖNNEN 121
Welche E-Mail-Listen sind zugelassen? 121
Wann erzielen Sie die höchsten Umsätze pro E-Mail-Adresse? 122
Das unschlagbare Angebot 123
Die E-Mail-Sequenz 123
Wie Sie eine solche E-Mail erstellen können 126
18. ZEITMANAGEMENT: WIE SIE IN VIER STUNDEN ARBEIT AM TAG SO VIEL ERLEDIGEN KÖNNEN WIE ANDERE IN NEUN STUNDEN 128
Ihr neues Aufgabensystem 128
Die vier Kategorien von Aufgaben 129
Drei Aufgaben des Tages 130
Der richtige Zeitpunkt, um E-Mails zu lesen 131

Der schnelle Weg zu Ihrem perfekten E-Mail-Konto 132
Das perfekte Betriebssystem 132
Unser E-Mail-Programm 133
Weitere Softwareempfehlungen 133
Weiterführende Literatur zum Zeitmanagement 135

1. Einführung: Was erwartet Sie in diesem Buch?

Bereits 1997 eröffnete ich meinen ersten Onlineshop und startete eines der ersten deutschsprachigen Affiliate-Programme überhaupt. Anfänglich hatte ich ein recht breites Warensortiment, bis ich 2001 mit der Entwicklung von Sprachkursen begonnen habe. Es wurden Sprachwissenschaftler und Entwickler eingestellt, die nach und nach das Sortiment stark erweitert haben. So bieten wir mittlerweile Kurse in 82 Sprachen an, mit einem breiten Sortiment aus Basis-, Aufbau- und Fortgeschrittenenkursen, Businesskursen, Kindersprachkursen, digitalen Wörterbüchern und Spezialwortschätzen. Bisher haben wir über 540.000 Sprachkurse verkauft, davon weit über die Hälfte durch unsere Affiliates.

Ihr wichtigstes Werkzeug als Affiliate ist, immer die neuesten und besten Marketingmethoden zu verwenden. Unsere Firma baut zum größten Teil auf den Verkauf der Produkte durch Affiliates auf. Und nur, wenn die Affiliates viel verdienen, investieren sie Zeit (und Geld) in die Vermarktung unserer Software.

So besuche ich jedes Jahr mehrere internationale Marketingkonferenzen, belege jedes Jahr mehrere Kurse der wichtigsten Marketinggurus weltweit und probiere ständig die neuesten Methoden im Bereich des Marketings aus. Wenn etwas gut funktioniert, lasse ich dies von meinem Marketingteam perfektionieren und für unsere Affiliates aufbereiten. Danach gebe ich die Anleitungen dazu an die Affiliates weiter, von denen viele dann diese Methoden aufgreifen und selbst umsetzen.

Dieses Buch ist eine Zusammenfassung aus allem, was momentan im Bereich des Affiliate-Marketings funktioniert. Ich habe diese Anleitung vorrangig für die Affiliates unserer Firma (Sprachenlernen24) geschrieben.

Die meisten Tipps lassen sich aber auch für andere Firmen und Produkte,, bei denen man als Affiliate tätig werden kann anwenden.

Alle Anleitungen sind allgemein gehalten und gehen nur an manchen Stellen detaillierter auf den Verkauf von Sprachkursen ein. Deshalb lassen sich die meisten Tipps auch auf andere Firmen und andere Produkte ummünzen.

2. Wie viel verdient man als Affiliate?

Um es ganz klar zu sagen: Sie werden als Affiliate nicht schnell reich werden. Am Anfang ist einiges an Zeit nötig, um eine Webseite zu erstellen, diese mit interessanten Inhalten zu füllen und bekannt zu machen, sowie mit allen weiteren Marketingmethoden anzufangen. Dafür werden Sie nach einigen Wochen dann aber entweder davon leben können oder Sie haben einen tollen Nebenverdienst, je nachdem, wie viel Zeit Sie investieren und wie geschickt Sie die hier beschriebenen Marketingmethoden anwenden.

Sobald Sie die ersten Verkäufe durch Ihre eigene Webseite erzielt haben, sollten Sie mit fortgeschrittenen Marketingmethoden anfangen. Stellen Sie die Produkte bei Amazon.de und auf eBay ein und verkaufen Sie diese so aktiv weiter.

Danach sollten Sie mit Google AdWords und Facebook Ads starten. Dort investieren Sie Geld in Werbeanzeigen, leiten dadurch Besucher auf Ihre Webseiten und verdienen optimalerweise mehr Provision für den Produktverkauf, als Sie für die Werbung bezahlt haben. Nun sind Sie ein(e) richtige(r) Affiliate-Unternehmer(in)!

3.   So finden Sie das richtige Partnerprogramm

Die für Sie besten Produkte zum Verkaufen

Bei der Wahl eines Partnerprogramms sollten Sie darauf achten, dass die Produkte zu Ihnen passen. Haben Sie ein tatsächliches Interesse daran? Können Sie mit Herzblut über dieses Produkt berichten und ein Blog zum Thema schreiben?

Die für Sie beste Firma als Affiliate

Suchen Sie sich eine Firma aus, mit der Sie sich identifizieren können. Können Sie mit den Produkten etwas anfangen? Haben Sie einen guten Kontakt zur Firma? Sie werden ja vielleicht jahrelang zusammenarbeiten.

Suchen Sie sich eine Firma aus, die nicht ganz neu auf dem Markt ist. Die meisten Insolvenzen passieren relativ kurz nach Firmengründung. Es wäre schade, wenn Sie eine Webseite aufbauen und viel Zeit für ein Produkt investieren, das womöglich schon bald wieder vom Markt genommen wird.

Achten Sie auch auf die richtige Provisionshöhe. Fragen Sie sich: Wenn ich mit Google AdWords werben würde, würde ich

3. SO FINDEN SIE DAS RICHTIGE PARTNERPROGRAMM

mehr Provision von der Firma bekommen als ich für Werbung ausgeben würde?

Ein Klick bei Google AdWords kostet meist zwischen 0,10€ und 1€. Sie benötigen meist zwischen 20 und 100 Besucher, um einen Verkauf zustande zu bekommen (95 bis 99 Prozent aller Besucher kaufen nichts). Daher kostet ein Kunde 0,10€ bis1€ mal 20 bis 100, also zwischen 2€ und 100€. Nur wenn Sie pro Verkauf mehr Provision (als diese 2 bis 100€) bekommen, können Sie Ihre Werbung nach oben skalieren und hohe Umsätze machen. Ansonsten bleibt Ihnen nur die passive Werbung auf Ihren Webseiten, was als Hauptverdienst nicht ausreichen wird.

Zudem ist es wichtig, eine Firma zu finden, die auch für alle zukünftigen Folgebestellungen unbegrenzt lange Provisionen zahlt. Denn Firmen mit gutem Marketing erzielen durch Folgeaufträge immer und immer wieder neue Verkäufe und daran sollten Sie ebenfalls beteiligt sein.

Wichtig ist auch die Provisionshöhe. Diese sollte zwischen 20 und 50 Prozent liegen, damit es sich für Sie lohnt. Die Höhe ist natürlich abhängig von der Branche und der Marge. Große Händler zahlen oft nur 5%, das reicht vielleicht für ein kleines Taschengeld für Sie.

Bei zu großen Provisionen von deutlich über 50% sollten Sie auch stutzig werden. Hier kann meist etwas nicht stimmen. Oft ist dann der Preis zu teuer. Es ist zwar schön, wenn Ihnen jemand 80% vom Endpreis als Provision zahlt, aber wenn sich das Produkt dann nicht verkaufen lässt, bringt Ihnen das auch nichts.

3. SO FINDEN SIE DAS RICHTIGE PARTNERPROGRAMM

Zur Info: Sprachenlernen24

Wir zahlen je nach Art des Kurses zwischen 25% und 40% Provision für die Vermittlung von Sprachkursen. Provisionen werden unbegrenzt lange für Folgebestellungen gezahlt. Wir versorgen unsere Kunden sehr geschickt noch jahrelang mit Updates, kostenloser Software und vielen Tipps – sowie nebenbei immer wieder mal mit außergewöhnlichen Angeboten. Wenn Ihre Kunden dann erneut etwas bestellen, erhalten Sie abermals Provision. Auch wenn die erste Bestellung vielleicht schon 5 Jahre zurück liegt.

Wir benötigen momentan ca. 24 Besucher, um einen Verkauf zu erzielen.

Unsere besten Affiliates betreiben sehr inhaltsreiche Webseiten, um viele Besucher anzulocken. Außerdem schalten sie Werbung bei Google AdWords und nehmen dadurch etwa das 1,5- bis 2-fache ihrer Kosten für Werbung durch Provision wieder ein.

Für fortgeschrittene Affiliates, die insgesamt mehr als 100€ an Provision verdient haben, gibt es eine Facebook-Gruppe mit direktem Kontakt zu meinem Marketingteam und zu mir. Darin können Sie mit anderen Affiliates Marketingstrategien besprechen sowie Fragen stellen. Anregungen und Ideen, die die Affiliates dort nennen, werden oft sofort umgesetzt.

Sie können sich auf der folgenden Webseite kostenlos und unverbindlich als Affiliate anmelden (und wenn Sie das nur machen, um an noch mehr Marketingtipps zu kommen, ist das auch OK):

www.sprachenlernen24.de/affiliate-werden/

4. Bauen Sie die perfekte Webseite auf und optimieren Sie diese für die Suchmaschinen

Die Informationen in diesem Kapitel werden Ihnen helfen, eine Webseite zu erstellen, mit der Sie viele Besucher anlocken, die Sie auf unsere Seiten weiterleiten und somit hohe Provisionen erwirtschaften können. Und zwar automatisch, Monat für Monat, Jahr für Jahr. Alles, was Sie dafür tun müssen, ist, einige Webseiten zum Thema Sprachenlernen zu erstellen.

Im Anschluss müssen Sie Ihre Webseite nur noch bewerben und auf möglichst vielen anderen Webseiten verlinken – Google und die verlinkten Seiten werden Ihnen danach automatisch Besucher schicken.

Mit Ihrer Seite bereiten Sie Ihre Besucher auf den Kauf vor und begeistern sie für die Sprachkurse. Ihre Seite leitet Ihre Besucher auf unsere Webseite weiter, wo Ihre Besucher die Sprachkurse erwerben. Und Sie erhalten automatisch Provision.

Dies ist eine der effektivsten Möglichkeiten, Geld zu verdienen.

So haben wir 4.731.673 Besucher über Google bekommen – ohne dafür auch nur einen Cent zu bezahlen

2007 haben wir eine Webseite namens **www.grammatiken.de** eingerichtet.

Dort haben wir insgesamt 20 Grammatiken zuerst Suchmaschinen-optimiert und danach online gestellt. Und danach nie wieder geändert :-)

Seit 2007 haben wir damit 3.317.291 Besucher ausschließlich über die organische Google-Suche erhalten, das heißt wir haben für den Traffic nichts bezahlt.

Dies ist die Übersicht:

www.sprachenlernen24-affiliates.de/analytics-01.png

Ein Jahr später haben wir eine weitere Webseite namens **www.weltreisewortschatz.de** eingerichtet.

Dort haben wir 30 Vokabeln in 60 Sprachen online gestellt (mit Übersetzung und Audio-Dateien). Und auch an dieser Seite haben wir danach nie wieder etwas geändert :-)

Seitdem haben wir mit dem Weltreisewortschatz 1.414.382 Besucher erhalten, ebenfalls über die organische Google-Suche.

Hier sehen Sie, über welche Suchbegriffe wir über die Google-Suche Besucher bekommen haben. Dies ist die jeweilige Übersicht über die ersten 5000 Suchbegriffe dieser beiden Webseiten:

www.sprachenlernen24-affiliates.de/analytics-

grammatiken.pdf

www.sprachenlernen24-affiliates.de/analytics-weltreisewortschatz.pdf

Diese beiden Webseiten haben uns also zusammen fast 5 Millionen Besucher gebracht, ohne dass wir dafür etwas zahlen mussten.

Und selbstverständlich präsentieren wir auf diesen Seiten unsere Sprachkurse oder wir platzieren Angebote, so dass wir jeden Tag Bestellungen nur durch diese beiden Webseiten erhalten.

Domain und URLs

Melden Sie eine Domain an, die entweder den Namen einer Sprache beinhaltet oder etwas mit Sprachen zu tun hat. Eines der Wörter „lernen" oder „Sprachkurs" sollte darin auch enthalten sein.

1. Wenn Sie für jede Sprache eine eigene Domain anmelden, haben Sie damit am Anfang zwar mehr Arbeit, werden aber von Google besser gelistet. Außerdem Sie stehen natürlich damit ganz anders da als jemand, der 80 Sprachen auf einer einzigen Seite präsentiert. In den Augen Ihrer Besucher gelten Sie damit automatisch als „Experte".

Wenn Sie für jede Sprache eine eigene Domain registrieren möchten, dann probieren Sie zum Beispiel folgende Wortkombinationen:

englisch + lernen + .de

englisch + sprachkurs + .de

englisch + lernen mit langzeitmethode + .de

Probieren Sie auch andere Länderkürzel: zum Beispiel .at .ch .com .cc .net .eu

2. Wenn Sie eine einzige Domain für alle Sprachen anmelden möchten: Wählen Sie einen Namen wie zum Beispiel diese hier:

Sprachen + lernen + .de

Sprachen + mit Langzeitmethode + lernen + .de

Spannend + Sprachen + lernen + .de

Sprachenlernen + [Ihr Name] + .de (zum Beispiel Max-Meier-Sprachkurse.de)

Auf der Hauptseite sollten Sie alle Sprachen präsentieren und diese dann auf Unterseiten genauer beschreiben, diese sollten in Ordnern abgelegt sein, die zum Beispiel /englisch-lernen oder /englisch-sprachkurs heißen könnten.

Wie Sie mit der richtigen Überschrift Ihren Umsatz deutlich steigern können

Ihre Überschrift sollte sich auf Ihren Domainnamen beziehen und kann ruhig auch etwas länger sein. Unsere Überschrift, die wir gegen mehr als ein Dutzend andere Überschriften gesplittestet haben, lautet momentan „Lernen Sie Sprachen wesentlich schneller als mit herkömmlichen Lernmethoden – und das bei nur ca. 17 Minuten Lernzeit am Tag".

Die Überschrift ist das wichtigste Element auf der ganzen Seite.

Daher haben wir jedes Wort gegen andere getestet. Allein die Anführungszeichen bringen eine 3-prozentige Umsatzsteigerung, das heißt ohne Anführungszeichen würden wir 3% weniger

Umsatz erzielen.

Wenn Sie mehr über perfekte Überschriften wissen möchten, dann empfehle ich Ihnen diese Seite:

www.mindvalleyinsights.com/how-to-write-high-converting-headlines/

Und wieso das Testen aller Elemente so wichtig ist:

www.mindvalleyinsights.com/website-testing-and-optimization/

Unter der Überschrift können Sie noch eine Unter-Überschrift platzieren, oder Sie schreiben über Ihre Überschrift noch eine Über-Überschrift.

So funktionieren Splittests

Bei einem Splittest wird ein Element einer Webseite in zwei verschiedenen Versionen erstellt. Manche Besucher der Seite sehen dabei nur Variante 1, manche nur Variante 2. Danach wird gemessen, wie viele Bestellungen oder Anmeldungen bei jeder Variante zustande gekommen sind. Es sollte dabei die Hälfte der Besucher Variante 1 zu sehen bekommen, die andere Hälfte Variante 2.

Zum Beispiel erstellen Sie zwei verschiedene Überschriften, einmal „Überschrift 1" und einmal „Überschrift 2". Nach 500 Bestellungen haben Sie zum Beispiel 231 Bestellungen mit Variante 1, 269 Bestellungen mit Variante 2. Nun müssen Sie ausrechnen, ob dies nur eine zufällige Abweichung ist oder ob Variante 2 wirklich besser ist als Variante 1.

Hierzu gibt viele unterschiedliche und komplizierte statistische

Formeln; wir verwenden die einfachste:

Signifikanz erreicht, wenn $D^2 > N$.

D ist dabei die Abweichung vom Mittelwert. Der Mittelwert beträgt in diesem Beispiel 500:2=250. Die Abweichung D beträgt dabei 269-250=19.

N ist die Grundgesamtheit, also die gesamte Anzahl an Bestellungen, in diesem Fall 500.

Die Formel $D^2 > N$ lautet also hier: Signifikant, wenn $19^2 > 500$ oder 361 > 500. Was nicht richtig ist. Es sieht zwar aus, als ob Variante 2 besser wäre als Variante 1, dies könnte aber auch eine zufällige Abweichung sein. Sie müssten hier also noch ein paar Tage weitertesten.

Hier finden Sie weiterführende Informationen:

de.wikipedia.org/wiki/A/B-Test

Und wenn Sie selbst einen Splittest einrichten möchten, so suchen Sie am besten nach einer fertigen Lösung, indem Sie nach „Split Test" googeln.

Ich empfehle Ihnen, die Daten der ersten drei Tage dabei nicht zu verwenden. Bei vielen Umstellungen von Webseiten-Elementen sieht es anfangs so aus, als ob die neue Version nicht so gut wäre wie die ursprüngliche. Dies liegt daran, dass manche Leute an mehreren Tagen in Folge Ihre Seite besuchen, bevor sie sich für einen Kauf entscheiden. Wenn dann plötzlich alles anders aussieht, rücken sie vielleicht wieder von der Kaufentscheidung ab.

Lassen Sie Ihren Test immer mindestens eine Woche laufen, selbst wenn ein Test bereits nach zwei Tagen signifikant ist.

Wenn Sie zum Beispiel am Freitag Nachmittag einen Test starten und dieser bis Montag Morgen signifikant ist, so haben Sie nur Privatkunden getestet. Wenn anschließend unter der Woche die Bestellungen von Geschäftskunden hinzukommen, kann sich der Test vielleicht wieder ganz anders entwickeln.

Sie können immer mehrere Teile einer Webseite gleichzeitig testen. Damit Sie ein Gefühl für die Zahlen bekommen, sollten Sie immer auch einige „leere" Tests durchführen, bei der zweimal das gleiche Element getestet wird. Dadurch bekommen Sie ein Gespür, wie hoch die zufällige Abweichung sein kann.

Wie Sie den Inhalt Ihrer Webseite am besten aufbauen sollten

Das Folgende gilt nur für Affiliates von Sprachenlernen24:

Schreiben Sie etwas über das Land oder die Sprache. Kopieren Sie einige Vokabeln aus unseren Kursen und legen Sie auf Ihrer Webseite eine Vokabelliste (mit Audio-Button zum Anklicken) an. Der Inhalt Ihrer Webseite sollte mitreißend sein.

Kopieren Sie die Länderinfos aus unseren Kursen. Kopieren Sie einige Grammatikseiten. Passen Sie diese Seiten an Ihr Design an und texten Sie die Seiten gegebenenfalls um.

Was genau Sie von uns kopieren dürfen, steht auf dieser Seite: www.sprachenlernen24-affiliates.de/ihrcontent.php

Vielleicht haben Sie noch eigene Bilder von Land und Leuten, mit denen Sie Ihre Webseite auflockern können.

Stellen Sie sich folgende Fragen (hier am Beispiel für Ungarisch): „Wenn ich Interesse an Ungarn hätte oder an der ungarischen Sprache, fände ich meine Seite interessant? Fände ich die Seite packend geschrieben? Würde ich meinen Freunden davon erzählen (oder auf Facebook posten)?"

Verlinken Sie auch Seiten wie **www.weltreisewortschatz.de** oder **www.grammatiken.de**.

Der richtige „Call to Action"

Erst jetzt sollten Sie sich überlegen, welches Ziel Sie mit Ihrer Seite erreichen wollen. Wenn Sie über eine Sprache geschrieben haben, können Sie darunter einen Kasten platzieren, in dem Sie für die Demoversion werben. Nur sollte dies nicht als Werbung erkennbar sein.

Schreiben Sie zum Beispiel folgendes (Beispiel: Chinesisch):

„Wenn Sie Interesse an einem Chinesisch-Sprachkurs haben, empfehle ich Ihnen die Sprachkurse von Sprachenlernen24. Hier können Sie die Demoversion des Chinesisch-Kurses erhalten (kostenlos und unverbindlich):"

Wie sind Ihre bisherigen Chinesisch-Kenntnisse? Füllen Sie einfach den Chinesisch-Einstufungstest aus (dauert nur 3 Minuten).

Eine andere Möglichkeit ist, einen Link zum Kurs anzubieten.

Schreiben Sie am besten einige Zeilen dazu, um den Besucher auf den Kauf vorzubereiten:

„Ich möchte Ihnen folgenden Kurs empfehlen:

Spanisch-Sprachkurs von Sprachenlernen24

Mit dem Spanisch-Sprachkurs bereiten Sie sich auf die

gängigsten Kommunikationssituationen vor, die Ihnen im persönlichen oder familiären Umfeld begegnen können. Sie werden klar aufgebaute Sätze verstehen können und sich dank einfacher Sätze auch unterhalten und schriftlich mitteilen können."

oder:

„Ich möchte Ihnen folgenden Kurs empfehlen:

Spanisch-Sprachkurs von Sprachenlernen24.

Durch die einzigartige Langzeitgedächtnis-Lernmethode werden Sie innerhalb kurzer Zeit Spanisch lernen und sich fließend auf Spanisch unterhalten können."

Sätze wie diese können Sie direkt von unseren Webseiten (**www.sprachenlernen24.de**) herauskopieren.

Das korrekte Impressum

Jede Webseite muss ein korrektes Impressum haben. Sie müssen auf **jeder** Ihrer Webseiten einen Link zu Ihrem Impressum setzen. Dies gilt auch für Ihre Startseite.

Sie können sich gerne unser Impressum kopieren; Sie müssen dazu nur unseren Namen, Adresse, E-Mail-Adresse und Telefonnummer gegen Ihre austauschen.

Googlen Sie am besten zusätzlich „korrektes impressum".

www.sprachenlernen24.de/impressum

Menü oder Verlinkung Ihrer Seiten

Für ein gutes Google-Ranking Ihrer Seiten ist es wichtig, dass jede Seite mit jeder anderen Ihrer Seiten verlinkt ist. Sie können am Seitenende zum Beispiel alle Kurse auflisten, dies könnte dann so aussehen:

Albanisch lernen – Amerikanisch lernen – Amharisch lernen - …

Oder Sie legen ein Menü an, so wie auf unserer Webseite (**www.sprachenlernen24.de**).

Tipp: Wenn Ihr Menü auf der rechten Seite Ihrer Webseite statt auf der linken Seite platziert ist, werden Sie etwa 2% mehr Umsatz erzielen.

Das liegt daran, dass die linke obere Ecke jeder Webseite am meisten beachtet wird. Optimalerweise steht dort daher nur Ihre Headline, die so packend geschrieben ist, dass der User gleich weiter liest. Wenn dort zusätzlich auch noch das Menü zu lesen wäre, würde dies nur von der Headline ablenken.

Wir hätten das auch nicht geglaubt, konnten dies aber vor einigen Jahren durch Splittests bestätigen.

Newsletterbox

Stellen Sie die Box zum Abonnieren der kostenlosen Demoversion auf Ihre Webseiten. Wir haben festgestellt, dass die Anmelder der Demoversion extrem kaufbereit sind. Daher erzielen wir momentan mit jeder Anmeldung einen Umsatz von durchschnittlich 7,80 Euro, was für Sie durchschnittlich 2,49 Euro Provision pro Anmeldung bedeutet.

Jede Newsletterbox ist mit ihrer ID gekennzeichnet. Bestellt also einer Ihrer Kunden über den über Sie abonnierten Newsletter ein Produkt, erhalten Sie dafür Provision.

4. DIE PERFEKTE WEBSEITE AUFBAUEN & SUCHMASCHINENOPTIMIERUNG

Hier erhalten Sie die Box:
www.sprachenlernen24-affiliates.de/newsletterbox.php

Der Text lautet:

> „Kostenlose Demoversion:
>
> Tragen Sie Ihre E-Mail ein und Sie erhalten sofort die kostenlose Sprachkurs-Demoversion und viele Geheimtipps zum Sprachenlernen!"

Passen Sie diesen Text auf jeden Fall an Ihre Seite an.

Beispiel:

> „Meine Empfehlung: Testen Sie gratis und unverbindlich den (zum Beispiel Spanisch)-Sprachkurs von Sprachenlernen24.
>
> Tragen Sie Ihre E-Mail ein und Sie erhalten sofort die kostenlose Spanischkurs-Demoversion und viele Geheimtipps zum Sprachenlernen!"

Lassen Sie Ihre Webseite anschließend von einem Dritten durchlesen und fragen Sie ihn, ob er alles verstanden hat oder ob er Missverständnisse und unklare Formulierungen in Ihren Texten sieht.

Ablenkende Objekte

Das Wichtigste ist die linke obere Ecke Ihrer Seite. Hier sollte der Benutzer anfangen, Ihre Texte durchzulesen. **Meiden Sie daher im oberen Bereich Ihrer Seite rechtsbündige Bilder.**

Dadurch springt der Leser vom Text weg und wird abgelenkt. Wir haben gemessen, dass durch rechtsbündige Bilder im oberen Bereich die Kaufrate um bis zu 5% sinkt.

Weiter unten spielen rechtsbündige Bilder nach unseren Erfahrungen keine Rolle mehr.

Die richtige grafische Gestaltung

In diesen drei Videos wird erklärt, wie erfolgreiche Webseiten heutzutage aussehen müssen:

www.mindvalleyinsights.com/innovation-design-experience-part-1/

www.mindvalleyinsights.com/the-ide-model-leads-to-us1-million-product-launch/

www.mindvalleyinsights.com/ide-in-mindvalleys-successful-campaigns/

Auf Sprachenlernen24 haben wir viele dieser Tipps umgesetzt und konnten dieses Jahr eine Steigerung der Verkaufsrate von 21% erzielen.

Eigene Facebookgruppe und Google Plus

Eine eigene Facebookseite baut Vertrauen auf, vor allem, wenn Sie viele Fans haben. Und Sie haben einen neuen Werbekanal :-)

Google Plus ist für Ihr Google-Ranking von Vorteil. Was Google Plus ist, wird hier erklärt: **de.wikipedia.org/wiki/Google+**

Google Analytics

Wieviele Besucher haben Sie? Wo kommen diese Benutzer her? Worauf klicken die Besucher auf meiner Seite?

Binden Sie Google Analytics in Ihre Seiten ein, um mehr über Ihre

Nutzer zu erfahren und über deren Interaktion mit Ihrer Seite. So können sie Ihre Seite in Zukunft schrittweise immer weiter optimieren und Ihren Umsatz steigern: **www.google.com/analytics/**

Ihr Verdienst bei Sprachenlernen24

Sie erhalten bis zu 40% Provision auf alle Sprachkurs-Bestellungen, die Sie uns vermitteln. Die genauen Provisionshöhen finden Sie unter:

www.sprachenlernen24-affiliates.de/provision.php

5. Link Building: Wie Sie nachhaltig zahlreiche Links zu Ihrer Seite aufbauen und dadurch viele Besucher auf Ihre Seite ziehen

Damit Sie mit Ihrer Webseite Erfolg haben, benötigen Sie sehr viele Besucher.

Diese Besucher bekommen Sie, indem Sie bei einer Google-Suche weit oben zu finden sind und wenn viele andere Seiten auf Ihre Seite verlinken. Wie Sie dies erreichen können, erfahren Sie in diesem Kapitel.

Eingehende Links (also Links anderer Seiten, die auf Ihre eigene Seite verlinken) und das Google Ranking – beides hängt eng zusammen. Googles Suchmaschine arbeitet nach einem Algorithmus, nach dem eine Webseite umso weiter oben in Google gelistet wird, je mehr eingehende Links eine Webseite verzeichnet.

Dabei zählt sowohl die Quantität als auch die Qualität der Links. So zählt ein Link auf einer Seite, auf der tausende andere Links stehen, fast gar nichts. Ein Link auf einer qualitativ hochwertigen Seite zählt dabei immens.

Hintergrundwissen: Was bedeutet das Schlagwort „PageRank"?

Google hat ein Punktesystem entwickelt, aufgrund dessen Webseiten in der Suchausgabe gelistet werden. Dieses System wird von Google als „PageRank" einer Webseite bezeichnet.

Der PageRank einer Seite sagt viel über die Qualität des Inhalts der Seite und deren Ranking aus. Wenn Sie Firefox oder Chrome als Browser verwenden, so installieren Sie am besten eine sog. Extension (Chrome) oder ein Add-On (Firefox). Suchen Sie nach „PageRank". Sie werden damit einige übersichtliche Hilfsprogramme finden, die den PageRank einer Seite anzeigen. Besuchen Sie, nachdem Sie solch eine Extension in Ihrem Browser installiert haben, ein paar Webseiten. Meist wird dann unten rechts im Browser der PageRank der gerade besuchten Seite angezeigt. Besuchen Sie zum Beispiel „spiegel.de", so steht dort „PR: 8".

Ihre Webseite wird am Anfang „PR: n/a" haben. „N/a" steht für „not available", das bedeutet, dass Ihre Webseite also noch gar nicht gelistet ist.

Der PageRank hat einen logarithmischen Wert, das heißt eine Seite mit PR=2 hat 10x so viele Punkte als eine andere Seite mit PR=1; eine Seite mit PR=3 10x mehr als PR=2; eine Seite mit PR=4 daher 1000x mehr als eine Seite mit PR=1.

Wenn nun eine Seite einen Link zu einer anderen Seite setzt, wird ein Teil deren PageRank „vererbt", ungefähr nach der Formel: (eigener PageRank) geteilt durch (die Anzahl aller ausgehenden Links)

Wie können Sie den PageRank Ihrer Seiten positiv beeinflussen?

Es ist also wichtig, viele Links von Seiten mit hohem PageRank zu bekommen.

Und zwar aus zwei Gründen:

Zum einen haben solche Seiten normalerweise viel mehr Besucher als Seiten mit geringem PR. Durch die Links auf hochwertigen Seiten werden Sie also weitaus mehr Besucher bekommen als durch Links auf schlecht besuchten Seiten.

Zum anderen steigt dadurch Ihr eigenes Google-Ranking und die Besucherzahl auf Ihren Seiten nimmt ebenfalls zu.

Ein weiterer wichtiger Faktor ist die Relevanz des Inhalts. Das Thema der Webseite sollte zum Thema der verlinkten Seite passen. Je weiter die Themen voneinander entfernt sind, desto mehr Punktabzug gibt es.

Wieso sollte jemand ausgerechnet auf Ihre Seite verlinken?

Überlegen Sie sich mal: Auf welche Seiten würden Sie selbst denn verlinken?

Wahrscheinlich verlinken Sie selbst auf Wikipedia-Artikel (PR meist 4 oder 5), auf Nachrichtenseiten (PR meist 5 bis 8), auf Social-Media-Seiten wie Facebook (PR=9), auf Foren (PR meist 1 bis 4) oder auf Seiten, auf denen es tolle Software kostenlos gibt.

Ausgehend von diesen Vor-Überlegungen sollten Sie nun eine Liste mit den Dingen anlegen, die auf Ihrer Seite stehen sollten.

5. LINK BUILDING

Erst einmal sollte Ihre Seite ein professionelles Design aufweisen. Der Inhalt sollte einzigartig sein, also nicht von einer anderen Seite unverändert kopiert sein. Es sollte sich auf Ihrer Seite hochwertiger Content (Inhalt) befinden, also lesenswerte Artikel zum Thema Ihrer Seite.

- Bieten Sie kostenlose Lektionen oder Podcasts an.
- Nehmen Sie Videos auf und binden Sie diese über Youtube auf Ihre Seiten mit ein.
- Lösen Sie Probleme Ihrer Leser.
- Stellen Sie MP3s, PDFs oder Grafiken als Download zur Verfügung.
- Oder bauen Sie ein Forum auf.

Wichtig ist:

Bieten Sie dabei nicht nur oberflächliche Infos, sondern wirklich tiefgreifende, ausführliche und lesenswerte Artikel.

Hier ein paar Beispiele:

Wenn Sie eine Seite mit großartigen Reise-Insidertipps zu Südthailand aufbauen, so verlinken vielleicht ein paar Reisebüros auf Ihre Seite. Wenn Sie eine Seite über Reisemedizin und Gesundheitstipps zu Südamerika ins Netz stellen, nennt vielleicht der eine oder andere Reisebuchautor Ihre URL. Wenn Sie ein Forum zum Spanischlernen anbieten, werden Sie vielleicht von anderen Lerngruppen oder Sprachschulen verlinkt.

Insider-Tipps aus der Sprachenlernen24-Redaktion:

Und diese Seiten haben wir aufgebaut:

- **www.sprachenlernen24-blog.de** mit ca. 200 Artikeln, um uns als Experten zum Sprachenlernen zu positionieren.
- **www.grammatiken.de** mit 20 vollständigen Grammatiken (je über 200 DIN A4-Seiten lang).
- **www.vokabel-des-tages.de** mit drei neuen Vokabeln pro Tag für über 60 verschiedene Sprachen.
- **www.weltreisewortschatz.de** mit den 30 wichtigsten Vokabeln (Text+Audio) in 60 Sprachen als Download.

Durch diese Seiten bekommen wir täglich über 15.000 Besucher.

Unseren Affiliates bieten wir jede Menge kostenlosen Content an, damit diese ebenfalls solche erfolgreiche Seiten erstellen Nutzer des Forums können.

Gastartikel schreiben

Schreiben Sie einen Blogartikel und fragen Sie bei anderen Blogs an, ob Sie diesen Artikel als Gastartikel auf deren Blog posten dürfen. Unter den Blogartikel schreiben Sie dann einfach: „Dieser Artikel wurde geschrieben von (Ihr Name), Betreiber des Blogs www.(Ihr Blog).de".

Damit positionieren Sie sich zum einen als Experte, denn andere sind ja bereit, Ihr Wissen auf deren Webseite zu veröffentlichen.

Zum anderen steigt der PageRank Ihrer Webseite. Wenn dabei von einer Webseite mit hoher Reputation auf Ihre Seite verlinkt wird, zählt das für Google besonders viel.

Wie Sie Links von anderen Webseiten erhalten

Es gibt viele Methoden, um Links zu Ihrer Seite auf anderen Seiten zu platzieren:

- Bieten Sie anderen einen Linktausch an
- Zahlen Sie für Links
- Antworten Sie auf Fragen in Foren
- Schreiben Sie Pressemitteilungen
- Posten Sie Links oder Artikel auf Facebook, Xing, Twitter oder LinkedIn
- Posten Sie Videos auf Youtube

Diese Methoden werde ich Ihnen im Folgenden ausführlich erläutern.

Bieten Sie anderen einen Linktausch an

1. Webseiten suchen:

Zuerst einmal müssen Sie eine Liste anlegen mit allen Webseiten, die überhaupt für einen Linktausch infrage kommen können.

Googlen Sie nach:

5. LINK BUILDING

- [Suchbegriff] + Blog
- [Suchbegriff] + Nachrichten
- [Suchbegriff] + Konferenz
- [Suchbegriff] + Verzeichnis
- [Suchbegriff] + Forum/Foren

Wählen Sie als Suchbegriff eines der Themen, mit denen sich Ihre Webseite befasst.

2. Liste anlegen:

Besuchen Sie nun alle gefundenen Seiten, klicken Sie jeweils auf das Impressum und legen Sie sich eine Exceltabelle mit folgenden Inhalten an:

URL der Webseite, Name der Webseite, Seitenbetreiber, E-Mail des Seitenbetreibers, eventuell Facebook-, LinkedIn-, Xing-Daten, Datum des ersten Kontakts, Datum des zweiten Kontakts, erfolgreich (ja/nein), Anmerkungen.

Also zum Beispiel

www.(xyz).de – Forum über XYZ – Klaus Meier – klaus.meier@(xyz).de – Facebook.com/Klausmeier911233 – 1.7.2017 – 15.7.2017 – ja – wohnt auch in meiner Stadt

3. E-Mail formulieren:

Nun müssen Sie eine E-Mail formulieren und diese an alle Seitenbetreiber verschicken. Darin können Sie um eine Verlinkung bitten, einen Linktausch vorschlagen oder Geld fürNutzer des Forums einen Link anbieten.

Betreff:

Erwähnen Sie im Betreff die Domain oder den Firmennamen des Seitenbetreibers.

Beispiel: „Linktausch Ihrer Seite (xyz).de mit unserer Seite (abc).de" oder „Anfrage auf Zusammenarbeit zwischen (xyz).de und (abc).de".

Sie können auch einen Blogartikel schreiben und diesen als Gastartikel einem anderen Blog zur Verfügung stellen, wenn dort dafür dann auf Ihren Blog verlinkt wird. Der Betreff könnte dann lauten: „Gastartikel für (xyz).de über (Thema)".

Anrede:

Schreiben Sie den Namen des Seitenbetreibers in die Anrede, also zum Beispiel „Sehr geehrte(r) Herr/Frau (Nachname)", damit sofort klar ist, dass es sich nicht um eine Spam-Mail, sondern um eine persönlich formulierte Mail handelt.

Hauptteil:

Schreiben Sie in einer kurzen Einleitung, was genau Sie wollen. Nennen Sie dabei die Seite des Anderen sowie die Seite, auf die verlinkt werden soll.

Schreiben Sie eine kurze Beschreibung zum Inhalt Ihrer eigenen Seite.

Schreiben Sie auch, was Sie bereits für den Seitenbetreiber getan haben, wie zum Beispiel Seiten verlinkt, auf Facebook geteilt oder ähnlichem.

Beispieltext:

„Ich habe Ihren Link auf meiner Facebook-Seite

www.facebook.com/(meine-Seite) geteilt, auf meinen Blog auf der Seite www.(mein-Blog).de/(Blogartikel) verlinkt und in meinem Newsletter erwähnt.

Falls Ihnen mein Blog gefällt, möchte ich Sie bitten, diesen ebenfalls auf Ihrer Seite zu erwähnen."

Schluss:

Schreiben Sie unter „Mit freundlichen Grüßen, (Ihr Name)" noch weitere Kontaktdaten wie zum Beispiel Facebook, Xing oder LinkedIn. (Wenn Sie möchten, sogar Ihre Telefonnummer.)

Selbst wenn sich kein Linktausch ergibt, bekommen Sie vielleicht eine neue Verbindung unter Facebook, Xing oder LinkedIn mit jemandem, der ebenfalls in Ihrem Feld tätig ist. Vielleicht ergibt sich daraus ja später noch eine andere Form der Zusammenarbeit.

4. Wie viele Seitenbetreiber sollte man kontaktieren?

Sie sollten so viele Betreiber wie möglich kontaktieren. Wenn Sie einen Monat lang jeden Tag 20 Personen anschreiben, haben Sie 600 Leute kontaktiert. Üblicherweise wird immer nur ein kleiner Teil Ihrer Mails erfolgreich sein, daher sind viele Kontaktversuche unerlässlich.

5. So reagieren Sie auf erfolgreiche Kontaktversuche

Bedanken Sie sich in jedem Fall und setzen Sie sofort den Link zur anderen Webseite. Schreiben Sie am besten sofort zurück, auf welcher Webseite Sie den Link gesetzt haben.

Versuchen Sie auch, sich über Facebook, Xing oder LinkedIn mit dem Seitenbetreiber zu verbinden. Bei Facebook können Sie Ihre neuen Kontakte zu einer Gruppe hinzufügen. Erstellen Sie

5. LINK BUILDING

eine Gruppe mit dem Namen „Seitenbetreiber" oder Ähnlichem und fügen Sie die neuen Kontakte dort hinzu, um später schnelleren Zugriff zu haben oder um nur für diese Personengruppe etwas posten zu können.

Auch können Sie später immer mal wieder auf diese Kontakte zugreifen und um einen weiteren Linktausch bitten.

Wenn Sie einen Gastartikel platziert haben, dann fragen Sie den Kontakt nach einiger Zeit, ob er an weiteren Gastartikeln interessiert wäre.

6. So reagieren Sie auf ignorierte Kontaktversuche

Die meisten Seitenbetreiber werden sich bei Ihnen nicht zurückmelden und Ihre Mail einfach löschen. In diesem Fall sollten Sie nach 1 bis 2 Wochen einfach nochmal eine Mail schicken.

Gehen Sie dabei in Ihren E-Mail-Ordner mit gesendeten Mails, klicken Sie in der ursprünglichen Mail auf „Weiterleiten" und schreiben Sie einen neuen Text. Lassen Sie den ursprünglichen Text unten drunter angefügt – das macht einen besseren Eindruck und der Leser erkennt dadurch, dass es sich tatsächlich um eine persönlich an ihn adressierte Mail handelt.

Zahlen Sie für Links

Google straft Seitenbetreiber dafür ab, wenn sie für Links bezahlen. Als Strafe rutscht die Seite in den Suchtreffern weiter nach hinten, dies führt zu weniger Besuchern auf der betroffenen Seite.

Allerdings passiert dies natürlich nur, wenn Google vom

Linkkauf etwas mitbekommt.

Sie können daher einem Seitenbetreiber anbieten, dass er einen Link zu Ihrer Seite auf seinen Seiten platziert und Sie ihm dafür etwas zahlen. Dies lohnt sich vor allem dann, wenn die Seite, auf der der Link gesetzt werden soll, einen viel höheren PageRank als Ihre Seite hat.

Antworten Sie auf Fragen in Foren

Durchstöbern Sie Foren, die sich mit dem Thema Ihrer Webseite befassen. Wenn Sie nun eine offene Frage finden, so schreiben Sie dazu einen Blogartikel, der diese Frage beantwortet. Platzieren Sie diesen Blogartikel auf Ihrem Blog oder auf Ihrer Webseite.

Besuchen Sie nun die Foren-Seite, in der die offene Frage steht und antworten Sie wie ein Außenstehender mit dem Hinweis auf den Blogartikel.

Beispiel: Sie betreiben eine Webseite über Spanisch. Durchsuchen Sie Foren nach offenen Fragen zur spanischen Sprache. Wenn jemand zum Beispiel eine Frage zu einem bestimmten grammatikalischen Phänomen hat, so schreiben Sie über dieses einen kurzen Blogartikel, in dem Sie die Frage beantworten.

Wenn zum Beispiel die Frage lautet: „Kann mir jemand den Unterschied zwischen ser und estar im Spanischen erklären?", so schreiben Sie einen Blogartikel über ser und estar. Sie können sich dazu gerne aus der Spanischgrammatik im Spanischkurs bedienen. Schreiben Sie auch einige Beispielsätze dazu. Und natürlich dürfen Sie unter Ihren Blogartikel noch einen Link zum Spanischkurs (also zur Verkaufsseite) setzen.

Beantworten Sie nun die Frage im Forum wie folgt: „Ich habe hier eine recht gute Seite gefunden, die ser und estar erklärt: www.(ihre-seite).de/blog/ser-estar-spanische-grammatik.php
Dort habe ich schnell verstanden/gelernt, wie man die beiden Verben verwendet."

Die Antwort sieht also aus wie eine tatsächliche Antwort. Der Leser bekommt auf Ihrer Webseite fundierte, nützliche Infos über ser und estar. Manche werden dem Link folgen, unter dem Sie auf Ihrer Webseite den Spanischkurs verkaufen. Andere Nutzer des Forums werden vielleicht ebenfalls auf Ihren Blogartikel verlinken.

Schreiben Sie Pressemitteilungen

Wenn Sie eine gute Webseite mit außergewöhnlichen Inhalten haben, so können Sie auch eine Pressemitteilung schreiben. Googeln Sie nach „Pressemitteilung verbreiten", um nach Firmen zu suchen, die diese für Sie verbreiten und an alle Redaktionen schicken.

Posten Sie Links oder Artikel auf Facebook, Xing, Twitter oder LinkedIn

Einzelne Artikel können Sie auch auf Facebook posten, entweder auf Ihrer Pinnwand oder auf Ihrer Firmen-Facebookseite, falls Sie eine haben. Je besser und interessanter Ihr Artikel, umso mehr Leute werden darauf klicken und umso mehr Leute werden Ihr Posting auf der eigenen Pinnwand teilen.

Das Verbreiten Ihrer Inhalte über soziale Netzwerke ist eine gute und vor allem kostenlose Möglichkeit, Werbung für Ihre Seite zu betreiben. Aber übertreiben Sie es mit den Postings nicht, Studien haben gezeigt, dass sich viele User oft von Werbung „überschwemmt" fühlen. Einmal bis zweimal wöchentlich ein gezielt gesetzter Link zu einem Ihrer Blogartikel wird deshalb mehr Wirkung erzielen.

Weitere Tipps, um Ihre Seiten besser zu listen

Noch etwas zur Verlinkung auf Ihrer Seite: Jede Ihrer Seiten sollte zu jeder anderen Ihrer Seiten durch maximal zwei Klicks entfernt sein. Der PageRank wird ja auf alle anderen verlinkten Seiten „vererbt".

Listen Sie die wichtigsten Seiten in Ihrem Menü auf, damit diese einen höheren PageRank erhalten.

Verlinken Sie außerdem zu einige Seiten mit hohem PageRank (wie zum Beispiel passenden Wikipedia-Artikeln), dies bewertet Google ebenfalls positiv.

Zusammenfassung

Wenn Sie eine wirklich gute Webseite gebaut haben, ist der Rest meist ein Selbstläufer. Wir haben zum Beispiel mit **www.grammatiken.de** jeden Tag im Schnitt 10.000 Besucher, ohne dass wir irgendwas dafür tun müssten.

Diese Seiten sind seit 2009 online. Damals hat es zwar einiges an Arbeit gekostet, die Seiten zu erstellen und Verlinkungen

5. LINK BUILDING

aufzubauen, danach haben wir aber fast nie wieder einen Finger gekrümmt. Grammatiken.de hat sehr viele Unterseiten, auf denen 20 komplette Grammatiken erklärt werden. Unter jedem Artikel ist ein Link zu unserem Sprachkurs gesetzt.

Und wie Sie sich vorstellen können, kommen durch diese Seite jeden Tag einige Bestellungen zustande.

6. Wie die Links auf Ihrer Seite aussehen sollten

Welche Produkte können Sie generell anbieten?

Eine Frage an Sie:

Was würden Sie eher kaufen?

1. Ein Produkt, das Ihnen ein guter Freund empfiehlt und mit Feuer und Flamme darüber berichtet

– oder:

2. Ein Produkt von einem Unbekannten, der Sie auf der Straße anspricht und Ihnen dieses unbedingt andrehen möchte.

Und nun überlegen Sie sich bitte:

Wie haben Sie Ihr letztes Handy gekauft?

Wahrscheinlich hatten Sie bereits im Hinterkopf, was Sie ungefähr haben wollten. Also vielleicht das neueste iPhone oder das neueste Smartphone von Samsung. Sie haben vermutlich Amazon.de besucht, haben dort aber die Produktbeschreibung nur kurz durchgelesen, um danach die Kundenmeinungen zu studieren.

6. WIE DIE LINKS AUF IHRER SEITE AUSSEHEN SOLLTEN

Sie haben einige kurze Meinungen und Aussagen überflogen, wie zum Beispiel „Das beste Gerät, was ich jemals hatte. 5 Sterne von mir!".

Hat Ihnen das irgendetwas gebracht oder hat es Ihre Meinung in irgendeiner Weise beeinflusst? Nein, vermutlich nicht.

Und dann haben Sie vielleicht die „hilfreichsten Rezensionen" gelesen:

Es gibt immer wieder Leute, die sich hinsetzen und seitenlange Rezensionen über ein Produkt verfassen. Darin schreiben sie auf, was das Gerät alles kann, was es ihnen gebracht hat und auch, worin seine Schwächen liegen. Nachdem Sie solch eine ausführliche Rezension gelesen haben überlegen Sie sich bestimmt, ob Sie mit den Schwächen des Geräts leben können oder wollen. Sie lesen nochmal all die Punkte durch, in denen erklärt wird, welchen Nutzen das Handy diesem Käufer gebracht hat.

Wie viel Gigabyte Speicher es hat, wie schnell der Prozessor ist, wie viele Megapixel die Kamera hat: All das interessiert Sie wahrscheinlich gar nicht.

Sie wollen stattdessen wissen, ob Sie einfach und schnell Fotos in guter Qualität schießen können, sie wollen einfach und schnell Facebook und E-Mails nutzen können und außerdem möchten Sie vielleicht Videos auf Ihrem Handy anschauen.

Welche Arten von Links funktionieren?

So, und nun überlegen Sie sich generell, welche Art von Links funktionieren und welche nicht.

Wenn Sie ein Produkt empfehlen, das rein gar nichts mit Ihrer

Webseite zu tun hat, dann wird leider niemand auf den Link klicken. Denn niemand sucht auf Ihrer Webseite nach einem solchen Produkt. Daher werden Sie auch vermutlich gar keine Provision verdienen.

Deshalb müssen Sie als erstes Vertrauen aufbauen und zeigen, dass Sie eine Experte auf dem Gebiet sind, über das Sie schreiben. Wenn Sie also Sprachkurse verkaufen, dann kann sich Ihre Seite um alles drehen, was entfernt mit dem Thema „Sprachen lernen" zu tun hat.

Sie können natürlich ein Blog über Grammatik erstellen, Sie können kostenlose Vokabeln zum Download anbieten. Sie können aber auch Ferienwohnungen vermitteln, Reiseberichte verfassen oder Anbieter von Flugreisen sein. Das Thema Ihrer Seite sollte nur in irgendeiner Weise mit Ihrer Empfehlung zu tun haben.

Wie sollten die Links aussehen?

Nun denken Sie nochmal über die „hilfreichen Rezensionen" aus dem letzten Abschnitt nach. Niemand klickt einfach so auf einen Werbelink. Sie müssen also erreichen, dass der Leser Ihre Empfehlung zum einen durchliest, zum anderen auf den Link klickt – und dann auch noch das Produkt kauft.

Schreiben Sie also eine ausführliche Empfehlung, wie Sie das Produkt genutzt haben und welche Vorteile es Ihnen gebracht hat.

Schreiben Sie …

- ✓ wie schnell und einfach das Produkt zu bedienen ist

6. WIE DIE LINKS AUF IHRER SEITE AUSSEHEN SOLLTEN

- ✓ wie viel Zeit Sie sparen, seit Sie dieses Produkt nutzen
- ✓ wie viel Spaß Sie selbst an diesem Produkt haben
- ✓ ob Sie dieses Produkt mit anderen Nutzern verbindet und Sie sich als Teil einer coolen Gemeinschaft fühlen
- ✓ welche beruflichen Vorteile Ihnen dieses Produkt verschafft
- ✓ dass dieses Produkt vielleicht Ihre Beziehung gerettet hat
- ✓ dass sich Ihre Lebensqualität erhöht hat und Sie dank dieses Produkts glücklicher, zufriedener und ausgeglichener sind
- ✓ dass Sie dank dieses Produkts mehr Geld verdienen

Wenn Sie auch noch (unwesentliche) Nachteile nennen, so bauen Sie sogar noch mehr Vertrauen bei Ihren Lesern auf.

Und unter diese Rezension können Sie nun den Link zur Verkaufs-Webseite setzen.

Wie hoch ist die Verkaufsquote?

Wenn Sie alles so gemacht haben, wie hier beschrieben, wird Ihre Verkaufsquote sehr hoch sein. Wenn Sie zum Beispiel eine Webseite zum Buchen von Ferienhäusern in der Toskana betreiben, so kommen Ihre Besucher ja gerade deshalb auf Ihre Webseite, weil sie nach Italien fahren möchten und dort eine idyllische, gemütliche und bezahlbare Unterkunft suchen.

Wenn Ihre Webseite professionell aufgebaut ist und den Lesern einen hohen Nutzen bringt, haben diese Vertrauen zu Ihnen aufgebaut. Wenn Sie dann ein Produkt empfehlen (und zwar nicht mit 1 bis 2 kurzen Zeilen, sondern mit einer wirklich persönlich geschriebenen und ausführlichen Rezension), so werden Ihre Leser mit höherer Wahrscheinlichkeit auf den Link klicken.

Zum Anderen wissen Ihre Leser ja bereits, um welches Produkt es sich handelt, sie kennen die Vor- und Nachteile und es wurde ihnen von jemandem empfohlen, dem das Produkt bereits einen Nutzen gebracht hat. Daher wird auch die Wahrscheinlichkeit, dass die Leser nun das Produkt erwerben, viel höher sein.

Eine Erhöhung der Verkaufsquote um Faktor 10 bis 50 ist hier keine Seltenheit.

7. Bannerwerbung auf Ihren Seiten

Um es kurz zu sagen: Binden Sie auf Ihrer Seite **keine** Banner ein. Bitte lesen Sie sich das vorherige Kapitel gründlich durch und bieten Sie Empfehlungen in Form von Textlinks an. Diese werden ein Vielfaches mehr an Klicks und Verkäufen erzielen als Banner: Faktor 10 bis 50.

Das heißt nichts anderes, als dass Sie nur ein Fünfzigstel bis ein Zehntel an Provision verdienen würden, wenn Sie Banner anstelle von Empfehlungen mit Textlinks auf Ihre Seite stellen.

Verzichten Sie daher vollständig auf Banner auf Ihren Seiten. Banner haben einen anderen Zweck, dieser wird im folgenden Kapitel erläutert.

8. Bannerwerbung auf fremden Seiten

Heutzutage werden Banner kaum noch angeklickt. Es gibt aber trotzdem noch eine Möglichkeit, um mit Bannern viele Verkäufe zu erzielen, und zwar auf fremden Seiten.

Viele Seitenbetreiber sind nicht sehr einfallsreich mit dem, wie Sie Geld mit der eigenen Seite verdienen wollen. Daher binden viele Leute Google AdSense ein. Dabei werden durch Google Banner auf der Webseite dargestellt. Und für jeden Klick (oder pro 1000 Einblendungen) zahlt Google einen bestimmter Preis.

Und diese Bannerwerbeplätze können Sie bei Google AdWords buchen. Im folgenden Kapitel erkläre ich Ihnen, wie AdWords funktioniert. Statt Text können Sie aber eben auch Banner verwenden.

Dass die Klickquote viel niedriger ist als bei Textlinks, muss Sie dabei nicht stören, denn Sie zahlen ja pro Klick. Sie können dabei sogar genau festlegen, auf welchen Webseiten Ihre Werbung platziert werden soll.

Wenn Sie auf der Liste der Webseiten mit Bannerwerbeplätzen eine Konkurrenzfirma finden können, haben Sie einen Jackpot geknackt. Denn dann sehen die Besucher Ihre Werbung auf der

8. BANNERWERBUNG AUF FREMDEN SEITEN

Seite des Konkurrenten, der dafür mit wenigen Cents abgespeist wird.

Die Wahrscheinlichkeit, dass dabei ein Besucher etwas kauft, ist ebenfalls recht hoch, da die Besucher ja auf der Suche nach Ihrem Produkt waren, nur eben auf der Webseite des Konkurrenten gelandet waren.

Ansonsten sollten Sie Ihre Banner auf allen Seiten platzieren, die entfernt mit Ihrem Produkt etwas zu tun haben.

Bei Sprachkursen können das Sprachenlernblogs, Reiseblogs, Reiseanbieter, Reisebüros, Seiten von Städten, Sprachschulen und Sprachkursanbieter sein.

9. Google AdWords

Was sind Google AdWords und wieso ist die Werbung dort so effektiv?

Google AdWords sind Anzeigen, die zielgerichtet auf Google und deren Partnerseiten erscheinen. Diese Anzeige-Links erweisen sich als besonders effektiv, weil sie pro Klick und nicht pro Werbeeinblendung bezahlt werden.

Anmeldung:

Besuchen Sie die Internetseite von Google AdWords (adwords.google.de/) und folgen Sie schrittweise den dort vorgegebenen Anleitungen. Nach dem Verfassen des Anzeigetextes und der Wahl der Suchbegriffe werden Sie in Kürze bei Google AdWords angemeldet sein.

Preis:

Bieten Sie nicht zu viel pro Klick, denn je weniger Sie dafür zahlen müssen, umso höher Ihr Profit.

Wieso lohnt es sich, mit Google AdWords für Sprachkurse zu werben?

Verkaufsrate:

Von 24 Besuchern unserer Sprachkursseiten bestellt ca. einer einen Kurs. Eine Verkaufsrate von 1 zu 24 ist sehr hoch für einen Online-Verkaufsshop.

Erlös:

Ein Sprachkurs kostet mindestens 29,95 Euro. Sie erhalten 36 Prozent Provision, also 10,78 Euro pro Verkauf (wenn der Kunde mehrere Kurse auf einmal bestellt oder einen teureren Kurs aussucht, sogar mehr).

Teilen Sie Ihre Provision durch die Besucheranzahl, die nötig ist, um einen Verkauf zu erzielen. Wenn von 24 Besuchern der Webseite durchschnittlich einer etwas bestellt, so erhalten Sie pro Klick 10,78 Euro: 24 Besucher = 0,45 Euro pro Besucher. Dieser Faktor kann sich aber ändern, je nachdem, unter welchen Keywords Sie werben und wie gut Ihre Werbetexte sind.

Gewinn:

Bei Google AdWords wird der Klick versteigert, der Preis fängt dabei bei 0,05 Euro pro Klick an. Selbst wenn Sie 0,10 Euro pro Klick zahlen, bleibt ein hoher Gewinn übrig.

Welche Keywords (=Suchbegriffe) sollte ich wählen?

Anzahl der Suchbegriffe:

Pro Kampagne können Sie maximal 2000 Suchbegriffe festlegen. Diese Anzahl sollten Sie nutzen, um möglichst viele Keywords beim Schalten von Google AdWords auszuwählen.

Festlegen des potentiellen Kundenstamms:

Überlegen Sie sich, wer überhaupt Interesse an, zum Beispiel einem Schwedischkurs hat, um die optimalen Suchbegriffe herauszufinden:

- ✓ Urlauber
- ✓ Zweisprachige Pärchen
- ✓ Leute, die aus beruflichen Gründen oder zu Bildungszwecken einen Aufenthalt im Ausland planen, usw.

Exotische Suchbegriffe:

Damit Ihre Google AdWords Anzeige nicht unter denen Ihrer Konkurrenten untergeht, sollten Sie sich bei Ihrer Anmeldung bemühen, exotische Suchbegriffe auszuwählen.

Markenrechtlich geschützte Suchbegriffe dürfen NICHT verwendet werden.

Sie dürfen also KEINE Konkurrenzfirmen oder -produkte als Suchbegriffe verwenden! Wenn Sie dies trotzdem tun, werden wir Ihnen als Affiliate umgehend kündigen; außerdem können Sie von den Markeninhabern verklagt werden.

Variieren Sie außerdem Ihre Suchbegriffe:

- Verwenden Sie Einzahl und Mehrzahl (Sprachkurs und Sprachkurse)
- Verwenden Sie bewusst in einigen Suchbegriffen Rechtschreibfehler und alte/neue Rechtschreibung (Portogal, schwedish, Rußland, Russland)
- Verwenden Sie zusammen/auseinander geschriebene Formen (Sprachkurs, Sprach-Kurs, Sprach Kurs)

Wir haben für Sie unten einige Beispiele zusammengestellt, auf die Sie beim Werben für Sprachkurse zurückgreifen können.

Geeignete Google AdWords Suchbegriffe

Suchen Sie sich Begriffe, die mit Spracherwerb zu tun haben.

Am Beispiel eines Schwedisch-Sprachkurses:

- ✓ sprachunterricht schwedisch
- ✓ wörterbuch schwedisch
- ✓ übersetzung schwedisch
- ✓ übersetzung schwedisch deutsch
- ✓ online wörterbuch schwedisch
- ✓ sprache schwedisch
- ✓ schwedisch deutsch übersetzer
- ✓ dolmetscher schwedisch
- ✓ schwedisch aktiv
- ✓ schüleraustausch schweden

9. GOOGLE ADWORDS

- ✓ übersetzer schwedisch
- ✓ schwedisch für anfänger
- ✓ schwedish sprachkurs
- ✓ stockholm sprachkurs
- ✓ schwedisch deutsch online
- ✓ schwedisch vokabeln
- ✓ schwedischer sprachlehrgang
- ✓ schwedisch übersetzer
- ✓ schwedisch abendkurs
- ✓ schwedisch chat
- ✓ schwedisch computerkurse
- ✓ schweden crashkurse
- ✓ schwedisch intensivkurs
- ✓ schwedisch intensivkurse
- ✓ schwedisch intensivsprachkurs
- ✓ schwedisch intensivsprachkurse
- ✓ schwedisch internetsprachkurs
- ✓ schwedisch deutsch
- ✓ schwedisch deutsch wörterbuch
- ✓ schwedisch translator
- ✓ online wörterbuch deutsch schwedisch
- ✓ deutsch schwedisch online

9. GOOGLE ADWORDS

- ✓ übersetzungsprogramm schwedisch deutsch
- ✓ deutsch schwedische zusammenarbeit
- ✓ schwedische vokabeln
- ✓ schwedisch übersetzen
- ✓ schwedisch lernen
- ✓ schwedisch lernen online
- ✓ ich liebe dich auf schwedisch
- ✓ frohe weihnachten auf schwedisch
- ✓ schwedisch guten tag

Google bietet hierzu ein „Keyword-Tool" an, womit Sie nach geeigneten Suchbegriffen suchen können. Wir können Ihnen davor aber nur abraten, da darin auch markenrechtlich geschützte Begriffe vorkommen (es werden viele Konkurrenzfirmen und -Produkte genannt, was nicht gestattet ist) Außerdem kommen darin viele Begriffe vor, die zwar zahlreiche Klicks bringen, aber erfahrungsgemäß überhaupt keinen Umsatz.

Noch ein Tipp:

Sie können Ihre Werbung auch gezielt für einzelne Länder schalten. Bieten Sie zum Beispiel für den Suchbegriff 'Chinesisch lernen' oder 'Chinesisch Sprachkurs' und wählen Sie als Land nur China aus. Nun haben Sie eine Zielgruppe, die mit der höchsten Wahrscheinlichkeit einen Sprachkurs bestellt: Dauerhaft, zeitweilig oder berufsbedingt ausgewanderte Deutsche, Schweizer und Österreicher, die sich bereits in der neuen Heimat befinden und dringend einen Chinesisch-Sprachkurs benötigen!

Ungeeignete Suchbegriffe

Einige Suchbegriffe sind Umsatzkiller.

Vermeiden Sie:

kostenlos, gratis, billig – sonst haben Sie zwar viele Klicks, aber keine Verkäufe.

Restaurant, Essen, kochen – denn wer nur ein indisches Restaurant sucht, interessiert sich selten für einen Hindi-Sprachkurs.

Verwenden Sie KEINE markenrechtlich geschützten Suchbegriffe.

Verwenden Sie also KEINE Konkurrenzfirmen oder -produkte, da Sie sonst gegenüber dem Markeninhaber eine sehr teure Klage riskieren; außerdem werden wir Ihnen in einem solchen Fall als Affiliate kündigen.

Auch hierzu einige Beispiele:

Wer in Google nach „kostenlos spanisch lernen" sucht, klickt zwar eventuell auf Ihre Seite, ist aber nicht bereit, für ein Produkt Geld zu zahlen.

Wer „Chinesisches Restaurant Berlin" eingibt, möchte nur etwas essen.

Wenn Sie „Langenscheidt", „Pons", „Baedeker", „Inlingua" oder „Wall Street Institute" als Begriff verwenden, können diese Firmen Sie verklagen, da Sie gegen das Markenrecht verstoßen.

Für welches Produkt sollte ich werben?

Für alle Sprachen haben wir optimierte Landing-Pages erstellt; mit diesen werden Sie bei Google AdWords höhere Provisionen erzielen als mit normalen Webseiten.

Die Liste der Landing-Pages erhalten Sie auf der Seite www.sprachenlernen24-affiliates.de/adwords.php

Weitere Tipps, um mehr Klicks zu erzielen

1. Erstellen Sie eine Liste mit Suchbegriffen, die mit Spracherwerb zu tun haben. Es sollten mindestens 50 Suchbegriffe dabei sein.

2. Jeder der Suchbegriffe sollte aus zwei bis drei Wörtern bestehen, es sollten möglichst viele exotische Kombinationen dabei sein. Diese kosten am wenigsten und bringen die besten Resultate.

3. Pro Kampagne können Sie maximal 2000 Keywords festlegen. Diese Anzahl sollten Sie nutzen, um möglichst viele exotische Suchbegriffe verwenden zu können. Bieten Sie nicht zu viel pro Klick, denn je weniger Sie dafür zahlen müssen, umso höher wird Ihr Profit sein.

4. Wenn Sie beispielsweise den Schwedisch-Sprachkurs bei Google AdWords bewerben wollen, so haben Sie mit dem Suchbegriff 'Schwedisch-Sprachkurs' oder gar nur 'Sprachkurs' wenig Chancen. Zum einen sind wir selbst unter dem Begriff bereits automatisch mehrfach bei Google vertreten, zum anderen fällt der Preis pro Klick für diesen Begriff relativ hoch aus.

Überlegen Sie sich daher, wer überhaupt Interesse an einem

Schwedischkurs hat.

Dies sind:

- ✓ Urlauber, die für die Reise lernen möchten
- ✓ Zweisprachige Pärchen, von denen sich einer mit der Familie des Partners/der Partnerin verständigen möchte
- ✓ Leute, die auswandern möchten und Jobs in Schweden suchen
- ✓ Leute, die mit Sprachkenntnissen ihre Berufsaussichten verbessern möchten
- ✓ Leute, die ein Ferienhaus kaufen möchten

5. Schreiben Sie verschiedene Werbetexte für AdWords. Schreiben Sie Texte, die aus dem Rest der Anzeigen herausragen.

Lassen Sie die Texte einen Tag liegen und verbessern Sie sie erneut. Lassen Sie die Texte von anderen durchlesen und korrigieren.

6. Suchen Sie sich Nischen!

Je exotischer ein Suchbegriff, desto besser. Seien Sie kreativ und schreiben Sie eine lange Liste mit Suchbegriffen.

7. Starten Sie viele unterschiedliche Kampagnen, mit mindestens 10 verschiedenen Sprachkursen.

8. Gehen Sie am Schluss noch einmal Ihre Liste durch und prüfen Sie, ob keine negativen Begriffe sowie keine Fremdfirmen oder -produkte darin vorkommen. Denn ein einziger markenrechtlich geschützter Begriff innerhalb Ihrer 1000 Begriffe kann Sie bereits einen 6-stelligen Betrag kosten!

Wie Sie immer auf dem 1. Platz erscheinen

Der oberste Eintrag wird bei Google AdWords am häufigsten angeklickt. Platz 2 erhält nur noch etwa halb soviele Klicks wie der erste Platz, der dritte Platz nur noch etwa ein Drittel.

Daher ist es unerlässlich, dass Sie auf dem 1. Platz erscheinen, um viele Klicks zu erhalten.

Die Link-Platzierung wird von Google errechnet durch den Faktor Klickrate x Preis pro Klick.

Beispiel:

Ein Link, für den 10 Cent pro Klick bezahlt wird und der eine Verkaufsrate von 5 Prozent hat, erhält 50 Punkte.

Ein Link, für den 20 Cent pro Klick bezahlt wird und der eine Verkaufsrate von 3 Prozent hat, erhält 60 Punkte.

Die Tatsache, dass hier nur jeder 33. Kunde auf den Link klickt, kann durch einen höheren Klickpreis ausgeglichen werden.

Bieten Sie zu Beginn Ihrer Kampagne etwa eine Woche wesentlich mehr, als Sie normalerweise für einen Klick zahlen würden. Betrachten Sie dies als Investition für die Zukunft: In dieser Woche verdrängen Sie alle Konkurrenz-Links auf die hinteren Plätze.

Da der oberste Link viel öfter angeklickt wird als der Link darunter, erhalten Sie in dieser Woche die meisten Punkte: Erstens, weil Sie am meisten zahlen und zweitens, weil Ihr Link durch die oberste Position am häufigsten angeklickt wird.

Da Sie sich nach einer Woche auf dem 1. Platz befinden, können Sie in der Folgewoche weniger per Klick bezahlen. Selbst wenn

Sie nur noch die Hälfte von dem zahlen, was der Zweitplatzierte für einen Klick zahlt, erhalten Sie wegen des Faktors aus Klickrate x Preis immer noch die gleiche Punktanzahl wie der Zweite.

In der Regel bleiben Sie nun einige Wochen auf dem 1. Platz. Wenn Sie irgendwann wieder abrutschen sollten, so verdreifachen Sie einfach für eine Woche den Preis für einen Klick, um wieder auf den 1. Platz zu kommen.

Die sofortige Erfolgskontrolle

Für Sprachenlernen24-Affiliates: Sie sehen in Echtzeit, wenn eine Bestellung unter Ihrer ID eingetroffen ist. Besuchen Sie dazu einfach Ihre Verkaufsstatistik und scrollen Sie nach unten bis zu „Offene (aber noch nicht bezahlte) Bestellungen unter Ihrer ID".

www.sprachenlernen24-affiliates.de/daten.php

Damit haben Sie nun auch noch eine sofortige Kontrolle darüber, welche Werbeanzeigen sich unter Google AdWords lohnen.

10. Google Ads: Klicks für wenige Cents

Bei Google AdWords gibt es eine neue Funktion, mit der Sie sehr günstige Klicks erwerben können. Im Eigentest konnten wir die Preise auf 2,4 Cent pro Klick drücken – und das für einen so populären Begriff wie 'Englisch lernen'!

So funktioniert's:

Öffnen Sie Ihren Google AdWords-Account. Klicken Sie auf 'Erstellen einer neuen Kampagne: Website-bezogen'.

Bei 'Website-bezogen' zahlen Sie nicht pro Klick, sondern pro 1000 Einblendungen.

Ihre Werbung erscheint dabei nicht auf Google selbst, sondern auf Webseiten, die bei AdSense mitmachen.

Wählen Sie nun einen Text, mit dem Sie bereits unter AdWords geworben haben und der eine hohe Klickrate erhalten hat. Erstellen Sie dazu verschiedene Variationen, um später die beste Anzeige aussuchen zu können.

Nun kommen Sie zum Schritt 'Webseiten identifizieren'. Hier können Sie wählen, auf welchen Webseiten Ihre Anzeige eingeblendet werden soll.

Sie haben dabei drei Möglichkeiten:

1. Unter 'Kategorie aussuchen' finden Sie viele passende Webseiten:
   - Reise
   - Referenzwerke/Sprachunterricht
   - Lifestyles/Ethnische Gruppen
   - Gesellschaft/Bildung

2. Unter 'Themen beschreiben' können Sie Begriffe eingeben, die auf den gesuchten Webseiten vorkommen sollen. Geben Sie hier zum Beispiel
   - Englisch Sprachkurs
   - Englisch lernen
   - Englisch Vokabeln

ein.

3. URLs auflisten

'Kategorie aussuchen' und 'Themen beschreiben':

Unten auf der Seite erscheinen nun viele Webseiten, inklusive Traffic-Prognose. Wählen Sie jetzt die Webseiten aus.

Wenn Sie im Zweifel darüber sind, ob die Webseiten wirklich relevant für Ihre Werbung sind, so besuchen Sie sie kurz. Unserer Erfahrung nach werden nämlich viele unpassende Webseiten eingeblendet, zum Beispiel ein Tattoo-Service für Chinesische Schriftzeichen, wenn Sie 'Chinesisch Sprachkurs' als Begriff gewählt haben.

Ein weiteres Beispiel: Unter dem Suchbegriff 'Französisch lernen' erscheinen Webseiten, die sich nur mit der englischen Sprache befassen! Diese würden Ihnen natürlich kaum Klicks bringen.

Die Webseiten, die Sie ausgewählt haben, erscheinen rechts oben neben dem Kasten. Wenn Sie mit Ihrer Auswahl fertig sind, so klicken Sie auf 'Weitere Websites dieser Art suchen', um noch mehr Treffer zu erhalten.

'URLs auflisten':

So finden Sie weitere Seiten: Wenn Sie zum Beispiel für den Chinesischkurs werben möchten, so öffnen Sie ein zweites Fenster und geben in Google hintereinander folgende Suchbegriffe ein:

- Chinesisch lernen
- Chinesisch Sprachkurs
- Urlaub China
- Flug Peking
- Reisetipps Shanghai
- Chinesische Sprache

Besuchen Sie nun die ersten zwanzig in Google aufgelisteten Seiten zu jedem Suchbegriff. Auf vielen dieser Seiten werden Sie Google-Anzeigen eingeblendet sehen.

Kopieren Sie diese Webseiten-URLs in das mittlere, weiße Fenster in Ihrer neuen Google AdWords-Kampagne (dort steht: 'URLs hier einfügen').

Auf diesem Weg erhalten Sie die Adressen zielgerichteter Webseiten, auf denen Sie eine hohe Verkaufsrate erreichen werden.

Noch ein Tipp:

Viele kleine Werbekampagnen sind besser als eine große. Sie

können dadurch viel gezielter die Kosten regulieren.

Klicken Sie nun auf 'Weiter' und wählen Sie Ihr Tagesbudget und einen maximalen CPM. CPM bedeutet 'Kosten pro 1000 Einblendungen'. Je nach gewählten Webseiten (die kleinen sind oft billiger) zahlen Sie zwischen 0,20 und 2,00 Euro pro 1000 Einblendungen.

Starten Sie nun mehrere dieser Kampagnen. Setzen Sie für jede ein Tagesbudget von nicht mehr als 50 Euro fest.

Nach spätestens 24 Stunden sollten Sie sich bei AdWords erneut einloggen und die bisherigen Resultate anschauen. Überprüfen Sie bei allen Seiten mit über 2000 Einblendungen, ob sich die Werbung darauf lohnt. Unter 2000 Einblendungen ist der Test nicht signifikant und kann nur zufällig sehr gut oder sehr schlecht verlaufen sein.

Bemerkenswert fanden wir die große Varianz der Resultate:

Eine Webseite brachte uns 4351 Einblendungen, 2 Klicks bei 1,08 Euro CPM. Das bedeutet: 1,08 Euro (pro CPM) mal 4351 (Einblendungen) geteilt durch 1000 (es sind ja Kosten pro 1000 Einblendungen) und geteilt durch 2 (Klicks) = 2,34 Euro pro Klick. Also eine Katastrophe. Bei durchschnittlich 22 Klicks pro Kauf müssten wir hier 51 Euro pro Kauf an Werbung ausgeben!

Aber: Es gab auch bemerkenswerte Erfolge.

Eine Webseite brachte uns 23.370 Einblendungen, 193 Klicks bei 0,20 Euro CPM. Das bedeutet:

0,20 Euro x 23.370 geteilt durch 193 geteilt durch 1000 =0,024 Euro, also 2,4 Cent pro Besucher!

Bei 22 Besuchern pro Kauf bedeutet das, dass wir soeben nur 53

Cent an Werbung für einen Verkauf ausgegeben haben, bei dem über 11 Euro an Provision herausspringen!

Überprüfen Sie nun in regelmäßigen Abständen Ihren AdWords-Account. Kontrollieren Sie nicht nur die Webseiten, auf denen Sie werben, sondern auch den Punkt 'Variationen von Anzeigen', in dem Sie mehrere Texte gegeneinander testen können.

Noch ein Tipp zum Anzeigentext:

Verwenden Sie nicht den gleichen Text, den Sie unter den normalen AdWords-Anzeigen schalten.

Denn: Auf der Google-Homepage zahlen Sie pro Klick. Wenn jemand nach 'Englisch lernen' sucht, so hat Ihr Text selbstverständlich den Titel 'Englisch lernen', und vielleicht enthält Ihr Text noch die Wörter 'Multimedia' oder 'Software'.

Sie wollen ja schließlich NICHT, dass Leute, die nach Sprachschulen suchen, auf Ihre Anzeige klicken. Sie wollen NUR diejenigen erreichen, die nach Sprachlern-Software suchen, denn nur bei dieser Gruppe erzielen Sie die höchste Verkaufsrate.

Bei der oben genannten Werbemöglichkeit zahlen Sie aber pro Einblendung. Sie wollen also möglichst viele Klicks – am besten alle! Hierzu sind am besten so genannte Cliffhanger geeignet: Erwecken Sie das Interesse durch fehlende Infos, die man nur durch ein Weiterklicken erhält.

Beispiel:

Fließend Englisch lernen. Das Geheimnis: 'Englisch lernen war noch nie so einfach wie mit ...'

11. Facebook Ads – Wie Sie durch Facebook-Werbeanzeigen haufenweise Sprachkurse verkaufen können

Bei Facebook gibt es zwei Möglichkeiten, Sprachkurse zu vermitteln.

Die erste ist kostenlos: Schreiben Sie einfach immer wieder mal eine Empfehlung für verschiedene Sprachkurse auf Ihre Pinnwand. Dies können dann zwar nur Ihre Freunde sehen, aber ab und zu kann es sein, dass einer von ihnen einen Kurs bestellt.

Mit der zweiten Möglichkeit können Sie professionell auf allen Facebook-Seiten aller angemeldeten Nutzer werben.

Wenn Sie Facebook öffnen, sehen Sie auf der rechten Seite Werbeanzeigen unter dem Titel „Gesponsert".

Darunter sehen Sie Werbeanzeigen, die genau nach Ihren Interessen, Ihrem Geschlecht, Ihrem Alter und theoretisch sogar nach Ihrem Beziehungsstatus gebucht wurden.

Die Anzeigen sehen so ähnlich aus wie bei Google AdWords, nur dass hier auch noch ein Bild angezeigt wird.

11. FACEBOOK ADS

Und diese Anzeigen können Ihnen erhebliche Provisionen einbringen, denn so fein abgestimmt auf die Zielgruppe ist sonst nirgends Werbung möglich.

Rechts neben „Gesponsert" sehen Sie den Link „Werbeanzeige erstellen".

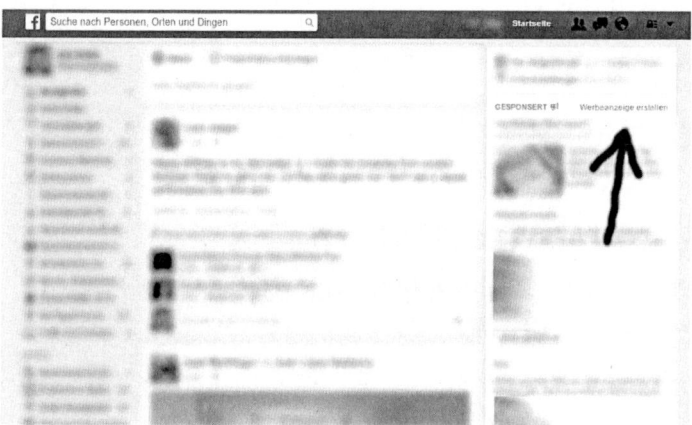

Klicken Sie darauf und erstellen Sie eine neue Kampagne für einen Sprachkurs. Im folgenden Beispiel sehen Sie, wie eine Kampagne für den Portugiesisch-Basiskurs aussehen könnte.

11. FACEBOOK ADS

Wählen Sie „Klicks auf die Webseite".

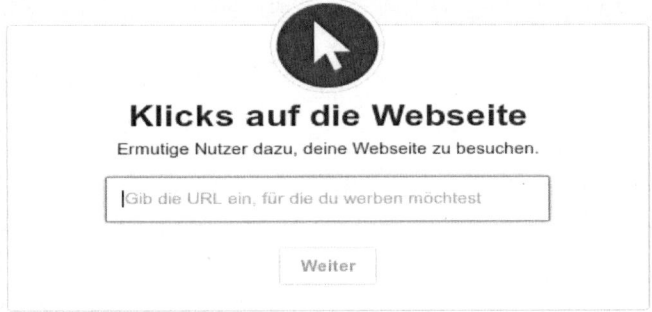

Tragen Sie folgende Seite ein:

www.sprachelernen24.de/portugiesisch-lernen-fb/?id=AB12345-FB001

Dies ist Ihre Webseite für den Portugiesischkurs.

Das „-FB001" hinter Ihrer ID dient dazu, dass Sie später feststellen können, unter welcher Annonce jemand etwas bestellt hat. Für Ihre 99. Annonce können Sie zum Beispiel „-FB099" anhängen. Tauschen Sie „AB12345" gegen Ihre ID aus.

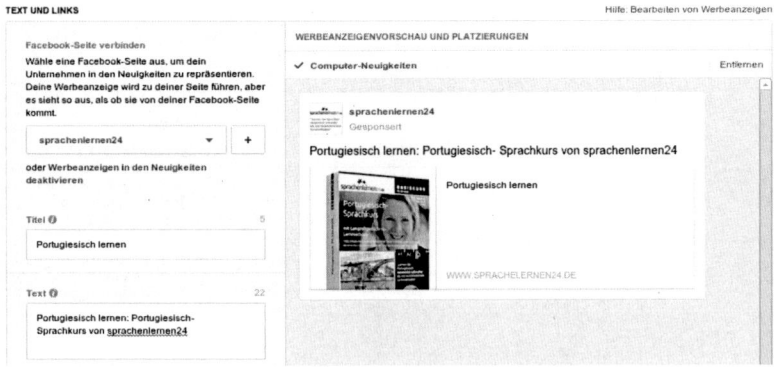

11. FACEBOOK ADS

Da Sie vorzugsweise für erzielte Klicks zahlen werden, sollten Sie einen Titel und einen Text wählen, bei dem der Kunde sofort sieht, um was es sich handelt.

Als Titel können Sie zum Beispiel „Portugiesisch-Sprachkurs" wählen.

Als Inhalt können Sie den folgenden Text verwenden: „Lernen Sie Portugiesisch wesentlich schneller als mit herkömmlichen Lernmethoden" (und zwar mit Anführungszeichen). Wir haben drei Jahre lang jede erdenkliche Überschrift getestet; kurze, lange, mit und ohne Anführungszeichen, und bei dieser hier gab es die mit Abstand höchste Erfolgsrate, was Klicks und Verkäufe anbetrifft.

Als Bild können Sie das 3D-Cover verwenden, das Sie auf der Webseite von Sprachenlernen24 finden. Oder suchen Sie sich ein Bild auf den Auktionsvorlagen heraus:

www.sprachenlernen24-affiliates.de/auktionsvorlagen.php

(Klicken Sie auf Ihre gewünschte Sprache und im unteren Bereich der nächsten Webseite finden Sie alle Sprachbilder für diese Sprache).

Zielgruppe

Der nächste Punkt ist nun die Zielgruppe. Hier ist es wichtig, eine so kleine Nische wie möglich auszuwählen, denn Klicks werden nach Angebot und Nachfrage bezahlt – je breiter die Nische, desto höher der Preis.

Land = Deutschland, Österreich, Schweiz ODER das Zielland. Im ersten Beispiel haben wir als Zielland „Portugal" gewählt, in den folgenden fünf Beispielen Deutschland, Österreich und die Schweiz.

Die Kampagne im Zielland

Beispiel: Erstellen Sie zum einen eine Kampagne nur für Portugal (+ eventuell Brasilien).

Die Interessen können Sie leer lassen und bei Demographie und Ausbildung können Sie „alles" auswählen.

Nur unter „Sprache" müssen Sie Deutsch auswählen.

Sie werben dabei bei allen Deutschen, die in Portugal leben. Die Klicks sind – wegen der kleinen Nische – meist recht günstig und die Bestellrate ist erfahrungsgemäß sehr hoch.

Die Kampagne in Deutschland, Österreich und der Schweiz

Wenn Sie als Länder alle deutschsprachigen Länder wählen, so haben Sie theoretisch die Möglichkeit, Millionen von Usern anzusprechen. Sie müssen also die Zielgruppe stark einschränken, um an günstige Klickpreise zu kommen.

Bei „Gefällt mir und Interessen" sollten Sie daher nur ein einziges Thema wählen. Nun müssen Sie sich überlegen: Wer hätte denn überhaupt Interesse, Portugiesisch zu lernen?

- alle Personen, die „Portugal" angegeben haben sowie: „Portugiesisch"
- Städte wie „Lissabon", „Porto", „Coimbra" oder Regionen wie „Algarve", also Personen, die oft dorthin reisen oder vielleicht sogar ein Ferienhaus dort haben
- außerdem Personen, die kulturelle Interessen haben: Wer zum Beispiel „Fernando Pessoa" als Interesse gewählt hat, weil er dessen Bücher gerne liest, hat vielleicht auch Interesse daran, diese irgendwann einmal im Original zu lesen.

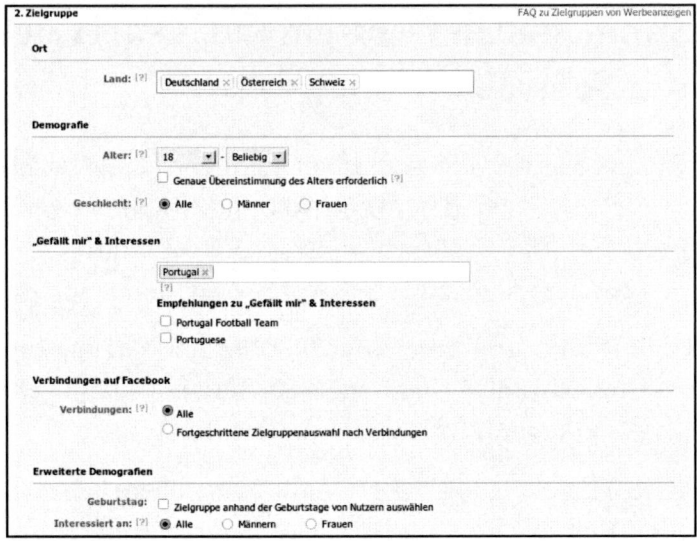

Die Kampagne für zweisprachige Beziehungen

Ein Drittel unserer Kunden führt eine zweisprachige Beziehung. Sie können diese direkt ansprechen und darauf zählen, dass einige von ihnen für Ihre Partnerinnen oder Partner einen Sprachkurs in der Sprache ihres Heimatlandes bestellen werden.

Wenn Sie zum Beispiel den Französischkurs an zweisprachige Paare verkaufen möchten:

- Geben Sie als Orte „Deutschland", „Österreich", „Schweiz", „Liechtenstein" ein
- Lassen Sie die Interessen frei
- Wählen Sie als Alter mindestens 25 Jahre
- Wählen Sie als Sprache „Französisch"

- Wählen Sie als Beziehungsstatus „In einer Beziehung",„Verlobt" und „Verheiratet"

Diese Anzeige sehen nun alle Franzosen, die hier in Deutschland, Österreich oder der Schweiz wohnen. In langjährigen Beziehungen ist die Bereitschaft, die Sprache des Partners zu lernen, meist recht groß. Wer noch jung ist und noch keine lange Beziehung führt, wird selten die Sprache des Partners lernen wollen, daher können Sie die Gruppe auf die über 25-jährigen eingrenzen.

Die Kampagne für die Hauptseite

Die 4. Möglichkeit für eine Kampagne besteht darin, allgemein an Sprachen und fremden Ländern Interessierte auf die Webseite zu locken.

11. FACEBOOK ADS

- URL: www.sprachenlernen24.de/?id=AB12345-FB99
- Titel: Multimedia- Sprachkurse
- Inhalt: „Lernen Sie Sprachen wesentlich schneller als mit herkömmlichen Lernmethoden"
- Interessen: Sprachen, Lernen, Sprachkurs, Sprachkurse, Sprachreise, Sprachurlaub, Sprachen, Übersetzer und Dolmetscher, Grammatik, Vokabeltrainer, Reiseführer, Lernen, Fremdsprachen, Fremde Kulturen, Fremde Länder sowie alles andere, was Ihnen hierzu noch einfällt.

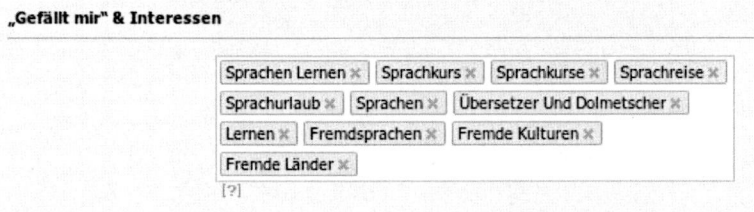

Sonstige Ideen

Als „Interessen" können Sie auch nach Folgendem suchen:

- Konkurrenzprodukte
- Sprachschulen
- Airlines (Firmennamen)
- Namen von Reiseveranstaltern

Wer zum Beispiel Fan der Fluggesellschaft „Iberia" ist, fliegt wahrscheinlich oft nach Spanien und möchte vielleicht Spanisch lernen.

Wer Fan von „LOT" ist, ist vielleicht an einem Polnischkurs interessiert.

Wer gerne mit „SAS" reist, möchte vielleicht endlich einmal Schwedisch lernen.

Nur ein „Suchbegriff" pro Annonce!

Begrenzen Sie jede Facebook-Annonce auf einen Suchbegriff („Gefällt mir" & Interessen).

Dies ist deshalb wichtig, weil Werbeanzeigen in jeder Sprache und mit jedem Interessenfeld andere Kaufraten aufweisen. Wenn zum Beispiel für den Suchbegriff „Chinesisch" 20 Klicks pro Kauf nötig sind, für den Begriff „Peking" aber 100 Klicks pro Kauf, so würde eine Annonce mit beiden Begriffen die Annonce unrentabel machen. Nur mit zwei getrennten Anzeigen können Sie diejenigen Annoncen weiterführen, die rentabel sind und diejenigen löschen, die sich nicht lohnen.

Über den Menüpunkt „Eine ähnliche Werbeanzeige erstellen" können Sie sehr schnell zu einer gerade erstellten Werbeanzeige eine ähnliche generieren. Wenn Sie auf den Link klicken, öffnet sich sofort ein neues Fenster mit der gerade erstellen Anzeige; hier können Sie alles ändern, was in der neuen Anzeige anders sein soll.

Hinter Ihre ID können Sie für jede Variation Ihrer Annonce nochmal etwas anhängen, um später jeder Bestellung die richtige Annonce zuordnen zu können.

Wenn Sie zum Beispiel für Ungarisch die ID AB12345-FB75 verwenden, dann können Sie für jede Unter-Annonce AB12345-FB75-01 bis AB12345-FB75-99 verwenden.

Hierzu können Sie folgendes PDF als Hilfe benutzen:
www.sprachenlernen24-affiliates.de/Facebookwerbung.pdf

Und hier finden Sie das PDF im Excel-Format:
www.sprachenlernen24-affiliates.de/Facebookwerbung.xls

Eingrenzung des Alters

Grenzen Sie immer das Alter ein:

Unsere Kunden kann man altersmäßig in zwei Gruppen einteilen: Die unter 27-jährigen und die über 35-jährigen. Zwischen 28 und 34 Jahre ist so gut wie keiner unserer Kunden alt. Wir erklären uns das damit, dass Leute bis ca. 27 Jahre studieren und dabei nebenbei eine neue Sprache lernen. Danach gibt fangen die meisten Leute mit dem Arbeiten an; in den ersten Jahren sind sie zu sehr mit der Arbeit oder mit dem Start einer Familie beschäftigt, um Interesse am Erlernen einer neuen Sprache zu haben.

Ab 35 Jahre liegt die Uni schon länger zurück, das Haus ist gebaut, die Familie gegründet, und viele Leute bekommen nun wieder Interesse, sich fortzubilden.

Schalten Sie daher am besten Ihre Anzeige zweimal: einmal für die 18- bis 27-Jährigen und einmal für die 35- bis 65-Jährigen.

In manchen Sprachen gibt es fast ausschließlich Kunden unter 27 Jahren, in anderen fast ausschließlich über 35, in wieder anderen ist dies ausgeglichen. Zum Beispiel wird Vietnamesisch fast nur von Rucksacktouristen unter 27 gelernt, Chinesisch fast ausschließlich von Geschäftsleuten über 35.

Kampagnen, Preise und Planung

Nun folgen „Kampagnen, Preise und Planung".

Der Name der Kampagne ist nur von Ihnen sichtbar. Sie können daher einen beliebigen nehmen.

Als Budget können Sie zum Beispiel mit 10 bis 20 Euro am Tag beginnen und später diesen Wert nach oben setzen, wenn Sie sehen, wie viel Sie tatsächlich wieder einnehmen.

Investieren Sie zum Beispiel immer die Hälfte dessen, was Sie von uns an Provision für via Facebook verkaufte Produkte, erhalten, wieder für Facebook-Werbung. Sie können entweder „Meine Kampagne ab heute dauerhaft anzeigen" wählen oder eine bestimmte Zeitspanne – das spielt eigentlich keine Rolle, denn Sie können diese ja jederzeit unterbrechen.

Gebote

Gebot: Damit Sie Gewinn machen, sollte der Preis pro Klick nicht zu hoch sein.

Die Durchschnittsprovision (also alle Bestellungen, die wir im Monat erhalten geteilt durch alle ausgezahlten Provisionen in einem Monat) liegt momentan bei ca. 14 Euro. Die genauen Höhen sehen Sie unter der Provisionsübersicht:

www.sprachenlernen24-affiliates.de/provision.php

Momentan kauft von ca. 24 Besuchern auf unseren Webseiten einer ein Produkt. Dies ist der Durchschnittswert – er liegt für manche Nischen deutlich höher, für manche deutlich darunter.

Beispiel: Deutsche, die in Stockholm wohnen und nach einem

11. FACEBOOK ADS

Schwedisch-Sprachkurs suchen: Besser gehts nicht.

Suchbegriffe wie „Englisch Wörterbuch", bei denen die meisten nur ein Wort schnell und kostenlos nachschlagen möchten: Schlechter gehts nicht.

Ein Titel, bei dem man sofort weiß, um was es geht (wie zum Beispiel „Portugiesisch-Sprachkurs"): 24. Besucher = 1 Kauf.

Für 14 Euro durchschnittliche Provision sind also 24 Besucher (also Klicks) erforderlich.

14 Euro geteilt durch 24 Klicks = 58 Cent pro Klick.

Wenn Sie mehr als 58 Cent pro Klick zahlen, dann zahlen Sie wahrscheinlich drauf, denn dann werden Sie wohl mehr an Facebook zahlen, als wir Ihnen an Provision.

Wenn Sie aber deutlich unter 58 Cent zahlen, dann werden Sie in den meisten Fällen mehr Provision bekommen, als Sie an Facebook zahlen.

Daher ist es auch so wichtig, für jede Nische eine eigene Werbeanzeige zu erstellen, denn manche Nischen werden sich als Goldgrube herausstellen, bei anderen werden Sie draufzahlen.

Facebook schlägt übrigens immer ein Gebot vor. Wir haben aber festgestellt, dass auch mit Maximalgeboten, die deutlich darunter liegen, noch Werbung geschaltet wird.

Um einen höchstmöglichen Profit zu machen, starten Sie am besten jede Anzeige mit 15 Cent.

Selbst wenn der empfohlene Preis wesentlich höher liegt, wird Ihre Anzeige normalerweise geschaltet. Warten Sie drei Tage; wenn Ihre Anzeige bis dahin noch nicht oder nur selten geschaltet wurde, so können Sie Ihr Gebot immer noch schrittweise auf 20, 25 oder 30 Cent erhöhen.

Weitere Werbeanzeigen erstellen

Sie können innerhalb kurzer Zeit für sämtliche Sprachen Werbeanzeigen erstellen. Klicken Sie dazu im Menü auf der linken Seite auf Kampagnen & Werbeanzeigen: Alle Werbeanzeigen:

Klicken Sie danach auf Ihre Werbeanzeige und klicken Sie auf „Eine ähnliche Werbeanzeige erstellen". Das Fenster mit Ihrer Anzeige wird nun mit allen Einträgen erneut geöffnet und Sie müssen nur noch Sprachen, Links und Interessen austauschen und auf „Bestellung aufgeben" klicken. Sie können damit innerhalb einer Minute eine Anzeige für die nächste Sprache erstellen.

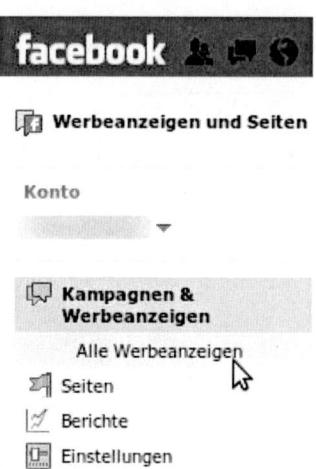

Wenn Sie nun zum Beispiel eine Anzeige für „Italienisch" erstellen möchten, so ändern Sie:

11. FACEBOOK ADS

- URL: tauschen Sie „schwedisch" gegen „italienisch" aus.

- Titel und Inhalt: tauschen Sie „Schwedisch" gegen „Italienisch" aus

- Bild: nehmen Sie ein Bild des Italienischkurses

- „Gefällt mir" & Interessen: Wählen Sie Italienisch lernen, Italienisch, Italien, Toskana, Rom, Mailand, Venedig, Cinque Terre, Florenz, Siena, Sizilien, Sardinien, Gardasee, ...

- Klicken Sie unten auf „Bestellung aufgeben".

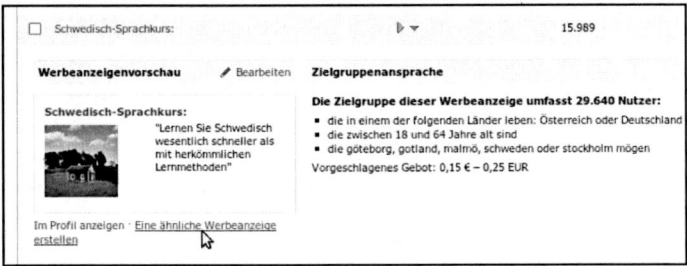

Schnelle Erfolgskontrolle

Ab sofort sehen Sie in Echtzeit, wenn eine Bestellung unter Ihrer ID eingetroffen ist.

Besuchen Sie dazu einfach Ihre Verkaufsstatistik und scrollen Sie nach unten bis zu „Offene (aber noch nicht bezahlte) Bestellungen unter Ihrer ID":

www.sprachenlernen24-affiliates.de/daten.php

Damit haben Sie eine sofortige Kontrolle darüber, welche Werbeanzeigen sich auf Facebook lohnen.

11. FACEBOOK ADS

Falls eine Annonce keinen Profit bringt

- Wenn eine Anzeige mehr als 100 Mal geschaltet wurde und nicht mindestens zwei Verkäufe dabei zustande gekommen sind, so grenzen Sie die Zielgruppe weiter ein. Wählen Sie zum Beispiel eine geringere Altersbreite aus, schalten Sie die Anzeige nur für Männer oder nur für Frauen, wählen Sie mit oder ohne Studienabschluss aus oder grenzen Sie die Region weiter ein.
  Ändern Sie zudem das Bild: Testen Sie die 3D-Box von unserer Webseite, nehmen Sie eine Sehenswürdigkeit, wählen Sie das Foto einer Person oder nehmen Sie die Landesfahne. Sie können mit einem Grafikprogramm auch weiteren Text auf das Bild schreiben. Probieren Sie zudem verschiedene Überschriften sowie unterschiedliche Texte aus.
  Für die Bilder benötigen Sie die Bildrechte. Sie können von unseren Webseiten die Fahnen und Bilder der Produktboxen kopieren; alle anderen Bilder können Sie zum Beispiel auf **www.bigstockphoto.com** erwerben.

- Wenn Ihre CPR (Click-Through-Rate = Anzahl der Anzeigenschaltungen pro Klick) zu niedrig ist (unter 0,1%), dann sollten Sie in jedem Fall Ihre Anzeige bearbeiten. Denn je höher Ihre CTR ist, desto weniger müssen Sie pro Klick zahlen. In Tests haben wir gesehen, dass der Preis pro Klick um ein Drittel (!) gesunken ist, sobald als wir den Anzeigentext verbessert hatten.

- Wenn Ihre Anzeige gut läuft (das heißt wenn Sie das Doppelte von dem, was Sie an Facebook zahlen, von uns als Provision erhalten), sollten Sie trotzdem mindestens einmal pro Woche Ihre CTR kontrollieren und gegebenenfalls Ihr Bild in der Anzeige austauschen.

- Tipps für Ihre Überschrift: Ein Fragezeichen, ein anderes Satzzeichen oder eine Zahl führen oft zu besseren CTRs.

12. So starten Sie Online-Auktionen auf eBay.de

Einloggen

Besuchen Sie **www.ebay.de** und loggen Sie sich dort ein.

Falls Sie noch nicht angemeldet sind, so müssen Sie sich vorher mit Ihrem Namen und Ihrer Adresse anmelden.

Versandbedingungen

Bevor Sie mit dem Verkauf starten können, müssen Sie im Vorfeld noch einige Versandbedingungen festlegen.

Besuchen Sie „Mein Mitgliedskonto" und klicken Sie dort auf „Rahmenbedingungen für Ihre Angebote". Hier müssen Sie die Rahmenbedingungen für die Rücknahme, den Versand und die Zahlungsbedingungen festlegen.

Rücknahme

Tragen Sie hier ein, wie Sie die Ware wieder zurücknehmen würden.

Klicken Sie „Verbraucher haben das Recht, Artikel unter den angegebenen Bedingungen zurückzugeben" an.

Frist: 1 Monat.

Widerrufsrecht: Käufer zahlt Rücksendekosten, falls Artikelpreis 40 Euro nicht übersteigt.

```
Verbraucher haben das Recht, den Artikel unter den angegebenen Bedingungen zurückzugeben.
Nach Erhalt des Artikels sollte Ihr Käufer den Kauf widerrufen bzw. den Artikel innerhalb der folgenden Rückgabefrist zu
1 Monat
Versandkosten bei Rückgabe trägt
Widerrufsrecht: Käufer trägt die Rücksendekosten, wenn der Artikelpreis 40 Euro nicht übersteigt
```

Versand

Geben Sie hier an, wie Sie die Ware versenden. Sprachkurse können Sie per „Brief" verschicken. Zu Briefen zählen auch Versandtaschen, in die bis zu 4 DVD-Hüllen passen. Hierfür können Sie 3 Euro Versandgebühr verlangen. Falls Sie größere Artikel verkaufen, so schauen Sie am besten unter den Webseiten der Deutschen Post nach, wie viel dies kostet. Tragen Sie anschließend ein, wie viel Sie für den Versand in andere Länder verlangen möchten und in welche Länder Sie versenden möchten.

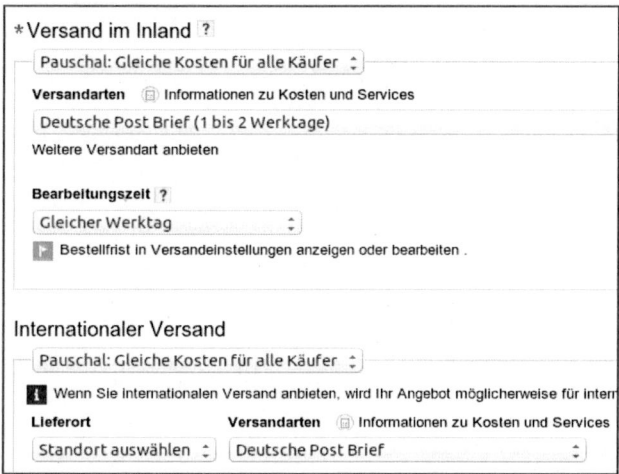

Zahlungsbedingungen

Akzeptieren Sie Banküberweisung sowie Bezahlungen per Paypal. Bei Paypal hat der Kunde mehr Möglichkeiten, im Falle eines Betruges gegen den Verkäufer vorzugehen – er kann das Geld jederzeit begründet zurückfordern. Damit sinkt für den Käufer das Risiko, auf Nepp hereinzufallen, deutlich. Und dadurch vertrauen Käufer Verkäufern stärker, wenn diese Paypal als Zahlungsmöglichkeit anbieten. Falls Sie noch kein Paypal-Konto haben, so melden Sie sich dort an. Dies ist kostenlos und dauert nicht lange.

Starten Sie den Verkauf

Klicken Sie auf „**Verkaufen**" und danach auf „**Jetzt verkaufen**".

Artikelbezeichnung

Geben Sie eine Artikelbezeichnung, also quasi die Überschrift Ihres Textes, ein. Dies ist der Titel, der auch in den Suchtreffern zu lesen ist. Es ist der wichtigste Teil Ihrer Beschreibung.

Variieren Sie Ihre Überschrift möglichst oft.

Wenn Sie zum Beispiel einen Spanischkurs verkaufen möchten, so können Sie unter anderem folgende Überschriften verwenden:

- Spanischkurs
- Spanisch-Basiskurs CD-ROM
- Spanisch-Lernprogramm Stufe A1 + A2

12. SO STARTEN SIE ONLINE-AUKTIONEN AUF EBAY.DE

- Spanisch lernen für Anfänger
- „Lernen Sie Spanisch wesentlich schneller als mit herkömmlichen Lernmethoden – und das bei nur ca. 17 Minuten Lernzeit am Tag"
- Spanisch in 17 Minuten am Tag – Anfängerkurs
- Spanisch von Sprachenlernen24 Basiskurs
- Sprachenlernen24.de Spanisch-Basis-Sprachkurs: PC CD-ROM für Windows/Linux/Mac OS X + MP3-Audio-CD für MP3-Player

Sie werden bei eBay nicht der einzige sein, der diesen Artikel verkauft. Daher sollten Sie zumindest eine andere Überschrift haben als Ihre Konkurrenten.

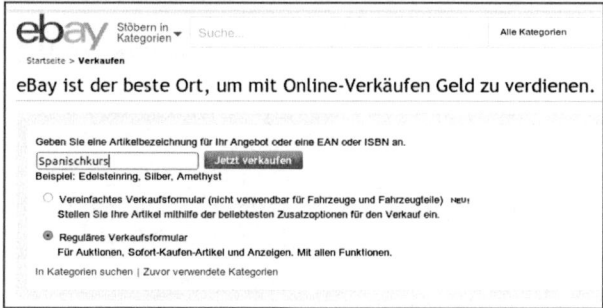

Kategorie

Wählen Sie die Kategorie, die am besten zu diesem Produkt passt. Probieren Sie auch mal andere Kategorien aus.

Artikelzustand

Wählen Sie als Artikelzustand: neu

Bild

Wählen Sie ein Bild aus. Testen Sie verschiedene Bilder. Gut funktionieren 3D-Ansichten von Produkten.

Bilder für die Sprachkurse erhalten Sie unter den Auktionsvorlagen:
www.sprachenlernen24-affiliates.de/auktionsvorlagen.php

ISBN

Falls Sie eine ISBN eingeben möchten, so erhalten Sie diese als Affiliate von Sprachenlernen24 ebenfalls unter den Auktionsvorlagen:
www.sprachenlernen24-affiliates.de/auktionsvorlagen.php

Zusatzoptionen

Bei eBay stehen Ihnen zahlreiche kostenpflichtige Zusatzoptionen zur Verfügung. Doch nicht alle sind wirklich lohnenswert. Mein Tipp: Nutzen Sie als Zusatzoption das sogenannte Galeriebild, dieses kann sich wirklich rechnen.

Galeriebild: Das Galeriebild kostet bei eBay 0,75 Euro, die Sie investieren sollten. Es zeigt das eingestellte Bild direkt in der Ergebnisanzeige als Vorschaubild (Thumbnail). Erfahrungsgemäß werden Angebote mit Vorschaubild häufiger angeklickt, als Angebote ohne Vorschaubild. Gerade bei Angeboten, die mehrmals bei eBay eingestellt werden, kann sich diese Zusatzoption rentieren.

Wenn Sie keine Möglichkeit haben, rund um die Uhr an Ihrem Rechner zu sein, kann sich auch die Zusatzoption **'Startzeitplanung'** lohnen. Hier können Sie für 0,10 Euro festlegen, wann Ihr Angebot startet und somit auch endet.

Auf alle anderen Zusatzoptionen können Sie verzichten. Mit einem kleinen Trick haben Sie eine Alternative zum Bilderpaket für 1,50 Euro, um sechs Bilder in Ihr Angebot zu stellen: Programmieren Sie Ihre Angebotsvorlage in HTML und binden Sie Ihre auf einem Webserver hinterlegten Bilder in Ihre Angebotsvorlage mit ein.

Unser Tipp: Benutzen Sie die von uns erstellten Auktionsvorlagen und Sie haben eine ansprechende Artikelbeschreibung, die Sie keinen Cent kostet.

Details

An dieser Stelle ist Platz für eine ausführliche Artikelbeschreibung. Beschreiben Sie Ihren Artikel so detailliert wie möglich. Wir haben durch unzählige Splittests festgestellt, dass es keine zu lange Beschreibung gibt. Unsere Produktbeschreibungen sind daher mittlerweile so lang, dass man 30x scrollen muss, um ganz am Ende der Beschreibung anzugelangen. Um die Sprachkurse zu verkaufen, können Sie gerne die bereits vorgefertigten Auktionsvorlagen verwenden:

www.sprachenlernen24-affiliates.de/auktionsvorlagen.php

Kopieren Sie einfach den HTML-Code in Ihre Angebotsvorlage und Sie haben eine komplette Artikelbeschreibung mit Bildern und Detailangaben.

Anbieterkennzeichnung und Widerrufsrecht

Wenn Sie Waren bei eBay verkaufen wollen, ist dies ein gewerblicher Verkauf. Deshalb müssen Sie bei Ihrem Profil Ihren Verkäuferstatus als 'gewerblicher Verkäufer' kennzeichnen. Des Weiteren müssen Sie Ihre Anbieterkennzeichnung veröffentlichen und in Ihrer Artikelbeschreibung über das so genannte Widerrufsrecht belehren. Die Anbieterkennzeichnung muss folgende Angaben enthalten:

- ✓ Ihren Vor- und Nachnamen
- ✓ Ihre Anschrift (Straße, Hausnummer, Postleitzahl, Ort – kein Postfach)
- ✓ Ihre E-Mail-Adresse
- ✓ Ihre Telefonnummer
- ✓ Ihre Steuernummer bzw. Umsatzsteuer-Identifikationsnummer.

Eine Widerrufsbelehrung darf in keinem Angebot fehlen.

Auf den Auktionsvorlagen für die Affiliates von Sprachenlernen24 sind Anbieterkennzeichnung und Widerrufsrecht bereits enthalten, Sie müssen dort nur noch Ihre

Daten eintragen.

Alle anderen finden eine Hilfestellung zur Erstellung einer korrekten Widerrufsbelehrung, wenn sie dies als Schlagwort in eine beliebige Online-Suchmaschine eingeben.

Unter www.widerrufsbelehrung.de finden Sie beispielsweise einen Generator, der Sie bei der Ausarbeitung einer für Sie passenden Belehrung unterstützt.

Angebotsformat und Preis

Sie können entweder Auktionen starten oder zum Festpreis verkaufen.

Den Startpreis sollten Sie so kalkulieren, dass das Produkt zum einen günstiger ist als bei uns, zum anderen für Sie aber noch genügend Gewinn übrig bleibt.

Addieren Sie folgende Posten:

- ✓ Was kostet das Produkt im Einkauf für Sie (Sprachkurse per Dropshipping: Sie erhalten von uns 40% bis 50% Rabatt)?
- ✓ Was kostet der Versand? Bei Dropshipping gibt es eine Pauschale (3 Euro), wenn Sie selbst verschicken, Ihre Kosten für Umschlag und Briefmarken.
- ✓ eBay-Kosten (Einstellgebühren und Verkaufsgebühren)
- ✓ Paypal-Gebühren, falls die Kunden per Paypal bezahlen
- ✓ Ihre Arbeitszeit: Wieviel ist Ihnen diese wert?

12. SO STARTEN SIE ONLINE-AUKTIONEN AUF EBAY.DE

```
Angebotsformat und Preis festlegen    Formular anpassen

 Auktion   Festpreis

* Startpreis (Gebührenübersicht)   Sofort-Kaufen-Preis
EUR [          ]                   EUR [          ]
Für diesen Artikel wurde kein Mindestpreis festgelegt. Ändern
Der gültige Mehrwertsteuersatz ist im Verkaufspreis enthalten
[ 19 ] %
Angebotsdauer
[ 10 Tage ]
  ● Angebot sofort starten
  ○ Startzeit planen (EUR 0,10)   [ - ]  [ 01 ]
```

Angebotsdauer

Bei allen Onlineauktionsportalen haben Sie die Wahl, den Zeitraum der Angebotsdauer zu bestimmen. Dabei können Sie meistens zwischen einem Tag, drei, fünf, sieben oder zehn Tagen auswählen. Überlegen Sie sich bei der Wahl der Angebotsdauer eine Taktik, denn hierbei spielen mehrere Faktoren eine wichtige Rolle.

Der Wochentag: Als beste Verkaufstage haben sich Dienstag, Mittwoch und Donnerstag bewährt. Achten Sie bei der Planung des Auktionsendes auf das TV-Programm. Bei der Übertragung von wichtigen Sportveranstaltungen sind erfahrungsgemäß weniger Menschen online.

Die Uhrzeit: In der Praxis hat sich gezeigt, dass die beste Zeit, um die Auktionen enden zu lassen, in den Abendstunden bis ca. 22

Uhr liegt. In dieser Zeit tummeln sich die meisten Interessenten auf Auktionsplattformen. Nutzen Sie dies und lassen Sie Ihre Angebote am Abend enden.

Sich wiederholendes Angebot: Sie wollen viele gleiche Produkte verkaufen und täglich mehrere Angebote enden lassen? Dann stellen Sie Ihre Artikel so ein, dass Sie zu verschiedenen Tageszeiten enden, zum Beispiel morgens, mittags, nachmittags, abends, sowie am besten an jedem Tag. Wenn ein Angebot beendet ist, stellen Sie es einfach mit einem Klick wieder neu ein.

Artikelstandort

Das ist immer Ihr Wohnort. Selbst wenn Sie per Dropshipping verschicken und die Ware somit nie in Ihre Hände bekommen, steht ja Ihr Absender auf dem Paket.

Nach dem Ende der Auktion

Nun müssen Sie die Ware verschicken. Sie können die Ware per Dropshipping verschicken. Dabei tragen Sie einfach Ihre Adresse ein sowie die Adresse des Kunden. Wir versenden daraufhin die Sprachkurse direkt an Ihren Kunden und schreiben Ihre Adresse als Absender auf den Umschlag. Schneller und einfacher geht es nicht :-). Sie können ansonsten auch Wiederverkaufspakete erwerben und die Kurse selbst versenden. Sowohl bei Dropshipping als auch bei den Wiederverkaufspaketen erhalten Sie zwischen 40% und 50% Rabatt auf den offiziellen Endkunden-Verkaufspreis.

www.sprachenlernen24-affiliates.de/dropshipping.php

www.sprachenlernen24-affiliates.de/wiederverkaufspakete.php

Speichern Sie alle Daten ab

Speichern Sie alle Daten ab, die Sie erhalten, also Name und Adresse des Kunden, E-Mail-Adresse, Ebay-Name, Ebay-Auktionsnummer, Datum des Geldeinganges, Kaufpreis sowie Versanddatum der Ware.

Sie können dann später schneller nachvollziehen, um welchen Kunden und um welches Produkt es sich handelt, falls noch Nachfragen kommen. Außerdem können Sie Ihren Kunden in der Folgezeit immer wieder mal maßgeschneiderte Sonderangebote zusenden.

Starten Sie viele Online-Auktionen gleichzeitig

Starten Sie jeden Tag zwischen 10 und 20 neue Auktionen. Erfahrungsgemäß wird nur ein Teil davon zu einem Verkauf führen.

Alle Links auf einen Blick

Hier finden Sie nochmal alle Links auf einen Blick:

Ebay:
www.ebay.de

Deutsche Post:
www.deutschepost.de

Für Affiliates von Sprachenlernen24:

12. SO STARTEN SIE ONLINE-AUKTIONEN AUF EBAY.DE

Auktionsvorlagen:
www.sprachenlernen24-affiliates.de/auktionsvorlagen.php

Dropshipping:
www.sprachenlernen24-affiliates.de/dropshipping.php

Wiederverkaufspakete:
www.sprachenlernen24-affiliates.de/wiederverkaufspakete.php

13. Verkaufen Sie direkt auf Amazon.de

Wieso Sie auf Amazon.de verkaufen sollten

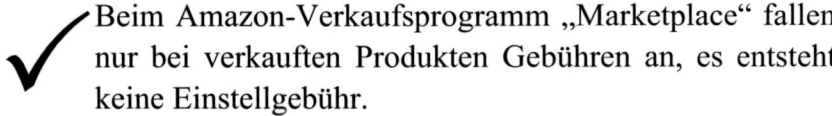

- Beim Amazon-Verkaufsprogramm „Marketplace" fallen nur bei verkauften Produkten Gebühren an, es entsteht keine Einstellgebühr.
- Das Einstellen erfolgt schnell, einfach und unkompliziert: In weniger als zwei Minuten können Sie bei Amazon einen Artikel zum Verkauf anbieten.
- Amazon ist eine sehr bekannte Verkaufsplattform mit hohen Besuchszahlen.
- Amazon zieht auch durch seine Produktbewertungen viele Besucher an. Viele Käufer informieren sich vor dem Kauf eines Produkts auf Amazon und lesen sich dort die Produktbewertungen durch.
- Sie können das Produkt sofort nach Bestellung losschicken. Ihre Gutschrift erhalten Sie direkt von Amazon.
- Die Bezahlung erfolgt zuverlässig und bequem direkt von Amazon.

13. VERKAUFEN SIE DIREKT AUF AMAZON.DE

Schritt-für-Schritt-Anleitung

1. Besuchen Sie die Seite **www.amazon.de** und richten Sie sich dort einen Benutzeraccount ein, sofern Sie dort noch nicht angemeldet sind.

Suchen Sie links im Menü den Punkt 'Jetzt verkaufen'.

2. Geben Sie die ISBN-Nummer des Produkts ein, das Sie verkaufen wollen.

13. VERKAUFEN SIE DIREKT AUF AMAZON.DE

Das Produkt erscheint, klicken Sie den Button 'Diesen Artikel verkaufen'.

3. Nun müssen Sie angeben, in welchem Zustand sich der Artikel befindet. Wählen Sie die Option „Neu".

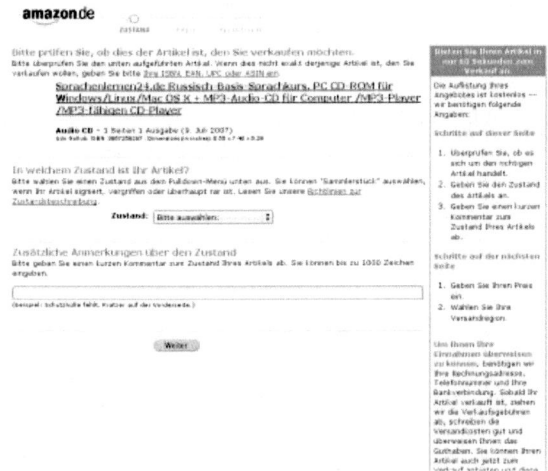

4. Sie haben die Möglichkeit, weitere Anmerkungen über den Zustand des Produkts einzutragen. Hier können Sie beispielsweise schreiben: „Original verpackte Neuware mit

13. VERKAUFEN SIE DIREKT AUF AMAZON.DE

Rechnung", „wird im Luftpolsterumschlag versandt", „Versand am selben Tag der Bestellung" oder ähnliches.

5. Wählen Sie nun einen Preis aus. Bei der Preisgestaltung sollten Sie einen Preis auswählen, der günstiger ist als der von Amazon angegebene Preis, damit die Käufer einen Anreiz haben, das Produkt bei Ihnen als Drittanbieter zu kaufen. Aber Sie sollten den Preis nicht zu günstig halten. Kalkulieren Sie alle Ausgaben, wie Einkaufspreis, Umschlag, Porto, Ihre Arbeitszeit und wählen Sie einen Preis, der in der Regel zwischen 5 und 3 Euro günstiger ist, als der von Amazon angegebene Preis.

Bevor Sie Ihr Angebot bestätigen, sehen Sie, wie hoch Ihre Gutschrift ist, die Sie von Amazon bei Verkauf des Produkts erhalten.

In diesem Beispiel wurde ein Produkt eingestellt, das bei Amazon 39,95 Euro kostet.

Bieten Sie dieses Produkt nun zum Beispiel für 36,50 Euro an, was 3,45 Euro günstiger als der Amazon-Preis ist.

Wenn das Produkt verkauft wird, erhalten Sie von Amazon (abzüglich der Verkaufsgebühr) 30,90 Euro als Gutschrift.

Infos zu Dropshipping und Wiederverkaufspaketen

Nach einem erfolgreichem Verkauf eines Kurses können Sie die Ware direkt per Dropshipping an Ihre Kunden schicken lassen. Dropshipping bedeutet, dass wir die Kurse direkt an Ihre Kunden schicken und dabei sogar noch Ihren Absender auf den Umschlag schreiben. Damit haben Ihre Kunden die Kurse am folgenden Werktag. Sie können die Kurse aber auch zum Händlerrabatt als Wiederverkaufspakete erwerben und diese selbst an Ihre Kunden versenden.

Dropshipping:
www.sprachenlernen24-affiliates.de/dropshipping.php

Wiederverkaufspakete:
www.sprachenlernen24-affiliates.de/wiederverkaufspakete.php

14. Über Youtube und iTunes neue Kunden finden

Mit Hilfe von Audios und Videos können Sie viele neue Kunden finden. Wenn Sie einen Blogartikel geschrieben haben und diesen auch als Video bei Youtube sowie als Podcast bei iTunes einstellen, so verdoppeln Sie in etwa Ihren Traffic. Außerdem erschließen Sie sich dadurch zusätzlich komplett neue Zielgruppen.

So finden Sie Inhalte für Ihre Videos

Beginnen Sie mit einem Brainstorming und erstellen Sie eine Liste mit allen Themen, die Sie für relevant halten. Besuchen Sie nun den „Google Keyword Planner". Sie finden den „Keyword Planner", indem Sie nach „Google Keyword Planner" googeln.

Hierzu benötigen Sie einen Google-Account, denn der „Keyword Planner" ist Teil von Google Adwords. Eigentlich ist er dafür gedacht, dass Sie sehen können, für welche Suchbegriffe sich Adwords lohnen. Sie sehen ein ungefähres monatliches Suchvolumen sowie einen Hinweis, wie umkämpft dieser Suchbegriff ist. Sie müssen natürlich nichts dafür zahlen und auch keine Adwords schalten, denn Ihre Videos werden auch so recht hoch bei Google und Youtube gelistet werden.

Notieren Sie sich nun alle Begriffe, für die es ein hohes monatliches Suchvolumen gibt.

Geben Sie diese Begriffe nun nacheinander in Google ein und scrollen Sie nach unten bis zum Ende der Seite. Am unteren Bildschirmrand finden Sie eine Box mit der Aufschrift „Verwandte Suchbegriffe". Hier finden Sie noch weitere verwandte Begriffe, nach denen Google-Besucher ebenfalls suchen. Sie können diese Begriffe zusätzlich in Ihre Liste mit aufnehmen.

Mein Tipp: Ihre Suchbegriffe sollten aus zwei bis fünf Wörtern bestehen. Außerdem sollten vollständige Fragen dabei sein, denn auch Fragen werden häufig bei Google eingegeben.

Beispiele:

- since for englisch
- wann benutzt man since und for?
- since englische grammatik

Wenn Sie unsere Sprachkurse vermitteln, dürfen Sie alle Inhalte der folgenden Webseiten verwenden: **www.grammatiken.de**, **www.sprachenlernen24-blog.de**, außerdem sämtliche Länderberichte (diese finden Sie in den Sprachkursen unter dem Menüpunkt „Länderinfos").

Sie dürfen dabei alle Artikel unverändert oder verändert verwenden, benutzen, kopieren oder aber auch neu zusammenfassen.

Das richtige Equipment

Für die Aufnahme Ihres Videos reicht Ihr Smartphone wahrscheinlich vollkommen aus. Sie können auch die Kamera Ihres Laptops benutzen. Für professionellere Aufnahmen können Sie auch eine digitale Spiegelreflexkamera verwenden.

Die einzige wirklich wichtige Zusatzinvestition, die Sie tätigen sollten, ist ein Körpermikrofon. Dieses kostet ca. 30 bis 40 Euro. Ich empfehle Ihnen dabei das „Rode Smartlav Lavalier" Mikrofon, Sie können dieses an Ihr iPhone oder Smartphone anschließen.

Für Spiegelreflexkameras empfehle ich Ihnen das „Audio-Technica ATR-3350 Lavalier Omnidirectional Condensor" Mikrofon.

Die Technik unterscheidet sich bei Spiegelreflexkameras und Smartphones, daher können Sie die beiden genannten Mikrofone nicht für beides gleichzeitig verwenden.

Wenn Sie Ihren Raum nun noch professionell ausleuchten möchten, so können Sie als günstigste Lösung zwei bis drei Ikea Storm Standleuchten kaufen. Diese kosten unter 20 Euro pro Stück und geben ein flächiges, weiches Licht. Für eine professionellere Lösung empfehle ich Ihnen, nach „Softbox Lighing" zu googeln. Für unter 100 Euro werden Sie einige flächige Beleuchtungsmöglichkeiten finden.

So nehmen Sie Ihr Video auf

Für das Vortragen Ihres Textes gibt es nun verschiedene Möglichkeiten:

Wenn Sie frei vortragen möchten, können Sie sich zum Beispiel einen Zettel mit allen Stichpunkten unter die Kamera kleben. Wenn Sie lieber alles Wort für Wort ablesen möchten, kaufen Sie sich ein iPad oder ein iPad Mini und installieren Sie die App „Teleprompt+". Sie nehmen Ihr Video dann über die (iPad-

)Kamera auf, während gleichzeitig der Text auf dem (iPad-)Bildschirm angezeigt wird.

Wenn Sie mit einem Handy oder einer Spiegelreflexkamera aufnehmen, können Sie auch den kompletten Text vorher aufschreiben, dann immer zwei Sätze auswendig lernen und diese am Stück einsprechen. Schneiden Sie den Text später zusammen. Zum Schneiden können Sie zum Beispiel „Windows Movie Maker" (Windows), „Final Cut" (Mac) oder „iMovie" (Mac) benutzen. Filmen Sie entweder in 720px oder 1080px Breite und auf jedem Fall im Querformat. Ihr Video sollte zudem nicht länger als vier Minuten sein.

Die richtige Nachbearbeitung Ihres Videos

Blenden Sie in Ihrem Video permanent Ihre URL, Ihr Logo und Ihren Namen ein.

Um noch professioneller zu wirken, können Sie ein Intro und ein Outro von je circa drei Sekunden Dauer erstellen lassen. Darin sollten ebenfalls Ihre Webseiten-URL, Ihr Logo sowie Ihr Name zu sehen sein. Sie können Intro und Outro zum Beispiel auf **www.Elance.com** erstellen lassen. Und wenn Sie eine leise Musik im Hintergrund wünschen, so finden Sie zum Beispiel auf **www.Audiojungle.net** tausende lizenzfreie Musikstücke oder Soundeffekte zu günstigen Preisen.

Bei Youtube veröffentlichen

Richten Sie einen Youtube-Channel ein. Dieser sollte genauso heißen wie Ihre Webseite.

Der Dateiname zum Hochladen auf Youtube sollte Titel und alle relevanten Suchbegriffe beinhalten, da der Suchalgorithmus diese berücksichtigt. Fügen Sie als Beschreibung Ihres Videos entweder alle wichtigen Punkte oder eine wortwörtliche Abschrift Ihres gesprochenen Textes hinzu. Dadurch wird Ihr Video bei Google besser gerankt.

Sie können auch ein PDF Ihrer Abschrift auf Youtube integrieren, dies verbessert ebenfalls Ihr Google-Ranking.

Betten Sie nun Ihr Video auf Ihrer Webseite ein. Ihr Video dürfte nun sehr schnell sowohl auf Youtube als auch bei Google auffindbar sein. Wenn es noch kein anderes Video zu diesem Thema gibt, so wird Ihr Video normalerweise recht schnell auf der ersten Seite von Google erscheinen.

Bei iTunes veröffentlichen

Stellen Sie die Audiospur Ihres Videos nun als Podcast bei iTunes ein.

Geben Sie als Titel sowohl Ihren Namen oder Ihre URL als auch den Titel ein, den Sie bereits bei Youtube verwendet haben.

Geben Sie in der Namens-Zeile nicht nur Ihren Namen ein, sondern zusätzlich auch alle anderen Suchbegriffe, unter denen Ihr Podcast ebenfalls auffindbar sein soll.

15. Eigener Internetshop

Sie können alle Produkte auch in Ihrem eigenen Internetshop verkaufen.

Lesen Sie dazu vorher Kapitel 5, „Bauen Sie sich eine perfekte Webseite auf", durch.

Für einen eigenen Webshop benötigen Sie zusätzlich zu Ihrer Webseite ein Bestellformular, eine Datenbank sowie einen Zahlungsanbieter.

Wenn Sie Ihre Seite mit Wordpress betreiben, können Sie nach einem Shop-Plugin suchen.

Hier gibt es zum Beispiel folgendes Plugin:
marketpress.de/product/woocommerce-german-market/

Bei so gut wie allen großen Hosting-Anbietern können Sie auch fertige Shop-Systeme buchen.

Bei 1&1:
https://hosting.1und1.de/onlineshop-erstellen

Bei Strato:
https://www.strato.de/webshop/

Bei 1blu:
https://www.1blu.de/ecommerce/eshops/

Oder googeln Sie nach „Onlineshop eröffnen".

15. EIGENER INTERNETSHOP

Wenn Sie unsere Sprachkurse in Ihrem Shop verkaufen, so können Sie diese entweder als Wiederverkaufspakete vorher erwerben oder per Dropshipping direkt an Ihre Kunden schicken lassen. Es ist sogar möglich, dass Sie die Onlinekurse/Downloadeditionen direkt an Ihre Kunden per Dropshipping verkaufen.

www.sprachenlernen24-affiliates.de/dropshipping.php
www.sprachenlernen24-affiliates.de/wiederverkaufspakete.php

16. Über Xing und LinkedIn Kunden finden

In diesem Kapitel erkläre ich Ihnen, wie Sie über die beiden sozialen Netzwerke LinkedIn und Xing Kunden finden können. Beide Netzwerke funktionieren sehr ähnlich, ich gehe im Folgenden auf beide Seiten gleichzeitig ein und erkläre Ihnen die Unterschiede. Sie können damit Produkte an Endkunden verkaufen, Geschäftsführer kontaktieren, um Firmenbestellungen zu verkaufen und neue Affiliates anwerben. LinkedIn und Xing sind sehr vielfältige Tools, um als Affiliate hohe Provisionen zu erwirtschaften.

Perfektes Profil aufbauen

Melden Sie sich bei LinkedIn (**www.linkedin.com**) und Xing (**www.xing.de**) an. Als ersten Schritt müssen Sie ein Profil anlegen.

Foto:

Wählen Sie zuerst ein Foto aus. LinkedIn und Xing sind nicht Facebook: Nehmen Sie keine Privataufnahmen oder Partybilder, sondern ein professionell gemachtes Foto – am besten ein Bewerbungsfoto – auf dem Sie lächeln und freundlich in die Kamera blicken.

Tätigkeiten:

Listen Sie alle Ihre beruflichen Erfahrungen mit dem genauen Zeitraum Ihrer Tätigkeit auf.

Kenntnisse, Qualifikationen, Interessen:

<u>LinkedIn</u>: Fügen Sie alle Kenntnisse hinzu, über die Sie verfügen und über die Sie von anderen gefunden werden wollen; beispielsweise Marketing, Affiliate Marketing, Webdesign, Grafikdesign, Fremdsprachen / Foreign Languages, learning ... / ... lernen, Online-Marketing, Digital Marketing, Direct Sales.

Bei Xing füllen Sie dazu die Rubriken „Qualifikationen" sowie „Interessen" aus. Fügen Sie unter Interessen noch ein paar Ihrer Hobbys ein. Dies macht Sie als Persönlichkeit für andere greifbarer und wirkt sympathisch.

Muttersprache und Fremdsprachenkenntnisse:

Tragen Sie ein, welche Sprachen Sie sprechen. Bei Xing können Sie unter Sprachen sogar noch angeben, wie gut Sie diese Sprachen sprechen.

Aktuelle Arbeitsstelle:

Diese Rubrik ist neben dem Foto der wichtigste Teil Ihres Profils, denn diese erscheint unter Ihrem Namen in der Onlinesuche. Tragen Sie dies so ein, dass Sie für die für Sie wichtigsten Begriffe von anderen gefunden werden können. Auch Ihre Verkaufs-Webseite können Sie hier angeben.

Zum Beispiel: „Experte im Bereich Fremdsprachen lernen. MeineWebseite.de". Es sollte daher nicht einfach ein Jobtitel sein, den Sie eintragen, sondern alle Schlagwörter, unter denen Sie gefunden werden möchten und welche ein positives und vertrauensvolles Bild nach Außen vermitteln.

Ausbildung:

Tragen Sie hier die Stationen Ihrer schulischen Ausbildung und ein eventuelles Studium ein. Tragen Sie bei LinkedIn zusätzlich noch „School of Life" ein. Dies haben 2 Millionen andere Mitglieder auch getan.

Um Personen Ihrem Netzwerk auf LinkedIn hinzufügen zu können, müssen Sie meist einen Grund nennen, den Ort Ihrer ersten Begegnung oder in welcher Beziehung Sie zu dieser Person stehen. Haben Sie als Ausbildungsstätte „School of Life" eingetragen, können andere Nutzer angeben, diese „Schule" ebenfalls besucht zu haben. Auf diese Weise können Sie mehr Kontakte knüpfen.

Webseiten:

Unter „Kontaktdaten bearbeiten" (LinkedIn) bzw. „Weitere Profile im Netz" (Xing) können Sie Ihre Verkaufs-Webseiten eintragen. Geben Sie hier alle Webseiten an, die Sie selbst betreiben sowie einige Ihrer Affiliate-Webseiten. Dies erhöht übrigens auch Ihr Google-Ranking für die gelisteten Webseiten.

Beispiele:

- ✓ Mein Reiseblog
  (**www.Ihre-Seite.de**)
- ✓ Mein kostenloser Wortschatz
  (**www.Ihre-2.Seite.de**)
- ✓ Sprachkurse in 80 Sprachen
  (**www.sprachenlernen24.de/?id=IhreID**)
- ✓ Kostenlose Sprachkurs-Demoversion

16. ÜBER XING UND LINKEDIN KUNDEN FINDEN

  (www.sprachenlernen24.de/demoversion/?id=IhreID)
- ✓ Sprachkurs-Blog
  (www.sprachenlernen24-blog.de/?id=IhreID)
- ✓ Und wenn Sie sich auf eine bestimmte Sprache spezialisiert haben, zum Beispiel Chinesisch:
- ✓ Chinesisch lernen
  (www.sprachenlernen24.de/chinesisch-lernen/?id=IhreID)

Öffentlicher Link für Ihr Profil:

Tragen Sie hier Ihren Namen ein, unter dem Sie gefunden werden möchten. Wenn es Ihren Namen mehr als einmal gibt, können Sie auch Ihren zweiten Vornamen mit angeben, entweder vollständig oder mit Initialen (zum Beispiel „Hans Theodor Mustermann" oder „Hans T Mustermann").

Meine öffentlichen Profile sind übrigens folgende:

www.linkedin.com/in/udogollub
www.xing.com/profile/Udo_Gollub

Sie können sich gerne mit mir verbinden.

Privatsphäre-Einstellungen:

Wir sind hier nicht bei Facebook. Stellen Sie Ihr Profil so ein, dass alles öffentlich zu sehen ist – Sie posten hier ja nichts Privates, veröffentlichen keine Spaßfotos oder politische Ansichten.

Sie können die Einstellungen jederzeit unter „Datenschutz und Einstellungen" (LinkedIn) bzw. „Einstellungen / Privatsphäre" (Xing) ändern.

Wie Sie Ihr Netzwerk knüpfen und erweitern

Fügen Sie möglichst viele Leute Ihrem Netzwerk hinzu. Bei LinkedIn heißt dies „vernetzen" oder „verbinden", bei Xing „als Kontakt hinzufügen". Um professionell zu wirken, benötigen Sie mindestens 100 Kontakte. Denn viele Leute ignorieren andere, die weniger als 100 Kontakte haben. Diese Hürde nehmen Sie mit den folgenden Schritten:

E-Mail:

Durch einen Klick auf „Andere zu Xing einladen" bzw. „Kontakte / Senden Sie Ihren Kontakten eine Einladung zu LinkedIn" können Sie Ihre E-Mail-Adressenliste durchsuchen lassen. Im nächsten Schritt werden alle Personen aufgelistet, mit denen Sie jemals Kontakt per E-Mail hatten und die bei LinkedIn bzw. Xing angemeldet sind. Verbinden Sie sich mit so Vielen wie möglich.

Kollegen, Ex-Kollegen:

Suchen Sie nach allen Firmen, bei denen Sie jemals gearbeitet haben. Klicken Sie sich durch die Ergebnislisten und verbinden Sie sich mit allen Personen, die Ihnen bekannt vorkommen.

Fragen Sie alle früheren Vorgesetzten, ob diese Ihnen unter „Kenntnisse" Ihre „Kenntnisse bestätigen" (nur bei LinkedIn möglich, nicht bei Xing). Das gibt Ihrem Profil zusätzliche Professionalität und Glaubwürdigkeit. Klicks Ihrer früheren Vorgesetzten auf „Kenntnisse bestätigen" sind in der heutigen Zeit das, was früher Arbeitszeugnisse waren.

Personen, die Sie vielleicht kennen (nur LinkedIn):

Wenn Sie bereits einige Kontakte hinzugefügt haben, erscheint

16. ÜBER XING UND LINKEDIN KUNDEN FINDEN

bei LinkedIn auf der rechten Seite die Rubrik „Personen, die Sie vielleicht kennen". Scrollen Sie sich durch diese Liste. Sehen Sie sich alle aufgeführten Personen genau an und fügen Sie alle Ihrem Netzwerk hinzu, die Sie kennen.

Personen, die Sie vielleicht kennen (Xing):

Wenn Sie bei Xing über den Pfad „Startseite" → „Mitglieder finden" gehen, werden Ihnen zum Beispiel alle Personen aufgelistet, die mit Ihren Kontakten verknüpft sind. In dieser Liste finden Sie bestimmt schnell bekannte Gesichter.

Außerdem bietet Ihnen die Plattform Xing noch viele weitere Möglichkeiten neue Kontakte zu knüpfen. Sie können nach gemeinsamen Arbeitgebern oder Ähnlichkeiten zu Ihrem Profil suchen.

Empfehlungen (nur LinkedIn):

Fragen Sie alle Personen, für die Sie jemals gearbeitet haben, ob diese Sie empfehlen. Sie können sich als Dienstleister oder Geschäftspartner empfehlen lassen. Dies gibt Ihrem Profil noch mehr Glaubwürdigkeit, ähnlich wie die Anzahl an Kundenrezensionen bei Amazon oder die Anzahl der positiven Bewertungen bei eBay. Von früheren Kollegen können Sie sich außerdem noch als Kollege empfehlen lassen.

Besucher Ihres Profils:

Sehen Sie jeden Tag nach, wer Ihr Profil angeklickt hat. Schicken Sie den Besuchern Ihres Profils eine E-Mail, um sich mit ihnen zu verbinden. Der Text in Ihrer Kontaktanfrage könnte lauten: „Ich habe mich gefreut, dass Sie sich mein Profil angesehen haben. Ich biete XYZ und würde mich gerne mit Ihnen verbinden."

Mögliche Kundengruppen

Im Folgenden erkläre ich Ihnen, wie Sie folgende drei Personengruppen finden:

- Endkunden
- Firmenkunden
- neue Affiliates

Hierzu müssen Sie nach passenden (Interessen-)Gruppen suchen. Treten Sie dort als Experte auf und verbinden Sie sich mit Personen aus diesen Gruppen. In einem letzten Schritt machen Sie interessierten Sprachenlernern ein Angebot, einen Kurs über Sie zu erwerben.

Wie Sie sich in Gruppen als Experte positionieren

Suchen Sie nun nach Interessen-Gruppen zu Themen wie „Fremdsprachen" oder „Sprachen lernen". Wenn Sie später Personen kontaktieren, die in einer Ihrer Gruppen bereits Mitglied sind, so ist die Wahrscheinlichkeit deutlich höher, dass diese Person gerne Ihrem Netzwerk beitritt, als wenn Sie Personen kontaktieren, zu denen Sie gar keinen Bezug haben.

Gruppen, um Endkunden zu finden:

Suchen Sie nach bestimmten Sprachen oder Ländern. Suchen Sie nach Berufsgruppen, die viel reisen müssen.

Treten Sie möglichst vielen Gruppen bei und positionieren Sie sich als Experte, indem Sie regelmäßig Blogartikel, kostenlose

Lektionen, kostenlose PDFs, Links zu interessanten Webseiten oder kostenlose MP3-Vokabeltrainer veröffentlichen. Und vor allem: versuchen Sie Fragen, die im Forum der Gruppe gestellt werden, kompetent zu beantworten.

Gruppen, um Firmenkunden zu finden:

Suchen Sie nach Gruppen, in denen die folgenden Schlüsselbegriffe vorkommen:

Geschäftsführer, Projektleiter, CEO, Vorstand, Gründer, Founder, Inhaber, Owner, President, Direktor, Director, Manager, Partner, Unternehmensführung.

Posten Sie Artikel darüber, wie man Mitarbeiter schult und sie motiviert, Fremdsprachen zur beruflichen Fortbildung zu lernen. Ihr Ziel ist es nicht, einzelne Sprachen zu bewerben, sondern einen Geschäftsführer dafür zu gewinnen, für alle Mitarbeiter Sprachkurse zu erwerben.

Gruppen, um Affiliates zu finden:

Suchen Sie nach Gruppen, in denen die folgenden Begriffe vorkommen:

Affiliate, Marketing, Partnerprogramm.

Posten Sie in diesen Gruppen Artikel, wie man als Affiliate Geld verdienen kann. Sofern Sie damit Affiliates für Sprachenlernen24 anwerben, dürfen Sie alle Artikel von **www.sprachenlernen24-affiliates.de** sowie aus dem Affiliate-Newsletter kopieren und dort veröffentlichen.

Versuchen Sie außerdem auch hier, alle Fragen kompetent zu beantworten, die im Forum der Gruppe gestellt werden.

Kunden finden

Nun können Sie anfangen, nach potentiellen Kunden zu suchen.

Stöbern Sie dafür in den Berufsangaben, Ausbildungsstätten, den Interessen, Gruppen und Arbeitgebern der Profile. In den nächsten Abschnitten erkläre ich Ihnen, für welche Produkte oder Dienstleistungen Sie welchen Gruppen beitreten sollten.

Wenn Sie einen Suchbegriff eingegeben haben und die Ergebnisliste angezeigt wird, dann klicken Sie mit der mittleren Maustaste alle Personen an, die als Kunde infrage kommen könnten; dadurch öffnen sich alle Profile in einzelnen Tabs.

Verbinden Sie sich nun mit so vielen Leuten wie möglich. Verwenden Sie aber nicht die vorgefertigte Nachricht von Xing bzw. LinkedIn („Ich möchte Sie gerne zu meinem beruflichen Netzwerk auf LinkedIn hinzufügen"), sondern schreiben Sie dort eine kurze persönliche Nachricht hinein. Sie dürfen bei LinkedIn 256 Zeichen verwenden, also etwas mehr als in einer SMS. Bei Xing sind es nur 150 Zeichen.

Schreiben Sie kurz, wer Sie sind, was Sie anbieten, wieso Sie sich verbinden möchten und was Sie zu bieten haben.

Falls Sie mögliche Endkunden ansprechen möchten:

„Ich heiße XYZ und bin Experte für Sprachkurse. Ich habe gesehen, dass Sie in der Gruppe XYZ aktiv sind und möchte mich gerne mit Ihnen verbinden. Ich biete Insiderwissen zum schnellen Sprachenlernen sowie viele kostenlose Lektionen."

Ein Beispiel, falls Sie mögliche Firmenkunden ansprechen möchten:

Suchen Sie in der erweiterten Suche in den beruflichen Qualifikationen nach den Schlüsselbegriffen:

Geschäftsführer, Projektleiter, CEO, Vorstand, Gründer, Founder, Inhaber, Owner, President, Direktor, Director, Manager, Partner.

Suchen Sie sowohl nach der deutschen als auch nach der englischen Bezeichnung einer Führungsposition, da viele Personen zwar ein deutsches Profil verwenden, die Jobposition aber auf Englisch angeben.

Sie können zum Beispiel folgenden Text verwenden:

„Ich heiße XYZ und bin Dienstleister für Firmen-Fortbildungen. Ich habe gesehen, dass Sie in der Gruppe XYZ aktiv sind und möchte mich gerne mit Ihnen verbinden. Ich biete Sprachkurse für Mitarbeiter an, vom Einsteigerniveau bis zum Businesskurs."

Ein Beispiel, falls Sie mögliche neue Affiliates gewinnen möchten:

„Ich heiße XYZ und bin Experte für Affiliate-Marketing. Ich habe gesehen, dass Sie in der Gruppe XYZ aktiv sind und möchte mich gerne mit Ihnen verbinden. Ich biete kostenlos Insiderwissen zum Affiliate-Marketing an und suche nach neuen Partnerschaften."

Was Sie verdienen werden

Für Affiliates von Sprachenlernen24:
Endkunden:

Sie erhalten je nach Kursart bis zu 40% Provision auf Sprachkurs-

16. ÜBER XING UND LINKEDIN KUNDEN FINDEN

Vermittlungen.

Details:

www.sprachenlernen24-affiliates.de/provision.php

Firmenbestellungen:

Sie erhalten 20% Provision auf alle von Ihnen vermittelten Firmenbestellungen.

Details:

http://www.sprachenlernen24-affiliates.de/firmen.php

Affiliates anwerben:

Die genauen Provisionshöhen für angeworbene Affiliates finden Sie unter

http://www.sprachenlernen24-affiliates.de/network.php

17. E-Mail-Marketing: Wie Sie durch E-Mails Geld verdienen können

Wenn Sie eine E-Mail-Liste aufgebaut haben, können Sie damit regelmäßig Geld verdienen.

Wir erzielen durch E-Mail-Aktionen Umsätze **von bis zu 1,33 Euro *pro E-Mail-Adresse*!**

Welche E-Mail-Listen sind zugelassen?

Um E-Mails versenden zu dürfen, müssen Sie ein Vertrauensverhältnis zu den Empfängern haben.

Empfänger können sein:

- ✓ Wenn Sie bei eBay verkaufen: Ihre Kunden, denen Sie bei eBay ein Produkt verkauft haben.

- ✓ Wenn Sie einen Online-Shop haben: Ihre Kunden, denen Sie in Ihrem Online-Shop ein Produkt verkauft haben.

- ✓ Wenn Sie einen Newsletter herausgeben: Ihre Newsletter-Abonnenten (die Ihren Newsletter eigenständig per Double-Opt-In abonniert haben). Double-Opt-In bedeutet, dass jeder Anmelder eine

Bestätigungs-E-Mail erhält, darin auf einen Bestätigungslink klicken muss und erst dann als Abonnent geführt wird.

- ✓ Wenn Sie ein Blog haben: Die Abonnenten Ihres Blogs.
- ✓ Wichtig: Wir tolerieren keinen Spam. Daher dürfen Sie Werbe-E-Mails **ausschließlich** an Ihre bestehenden Kunden oder selbst angemeldeten Newsletter-Abonnenten schicken.

Wann erzielen Sie die höchsten Umsätze pro E-Mail-Adresse?

Ihre Kunden kaufen nur dann von Ihnen, wenn Sie Ihnen vertrauen und auf jede E-Mail von Ihnen schon gierig warten. Dies erreichen Sie, indem Sie eine Beziehung zu den Personen in Ihrer Kundenliste aufbauen.

Wenn Sie zum Beispiel auf eBay Sprachkurse verkaufen, so speichern Sie alle E-Mail-Adressen Ihrer Kunden ab. Senden Sie Ihren Kunden alle zwei bis vier Wochen unschlagbar gute Informationen per E-Mail (ohne darin ein Wort über Werbung zu verlieren!).

Tun Sie dies zunächst einfach als Service für Ihre Kunden – der Aufwand dafür ist ja sehr gering. Nach jeder E-Mail werden sich einige Leute bei Ihnen melden und darum bitten, aus Ihrer Liste gelöscht zu werden. Dies müssen Sie in jedem Fall befolgen.

17. E-MAIL-MARKETING

Das unschlagbare Angebot

Wir senden unseren Kunden alle ein bis zwei Monate ein unschlagbares Angebot. Wenn Sie bei Sprachenlernen24 als Affiliate aktiv sind, werden Sie dies wahrscheinlich bereits bemerkt haben: Alle paar Wochen erhalten Sie Provisionen für Kunden, die Sie bereits vor Jahren an uns vermittelt haben – und das selbst dann, wenn Sie schon lange nicht mehr aktiv geworben haben! Denn bei jeder Aktion verwenden wir bei den Kunden, die Sie uns einst vermittelt haben, Ihre ID. Sie erzielen dadurch also ein automatisches Einkommen. Erstellen Sie für Ihre Aktion ein einmaliges Angebot, am besten ein Produkt-Launch oder ein Produkt-Relaunch. Das Angebot sollte folgende Eigenschaften erfüllen:

- ✓ zeitlich befristet
- ✓ mengenmäßig befristet
- ✓ unschlagbar im Preis
- ✓ einzigartig und nirgendwo anders zu finden

Die E-Mail-Sequenz

Sie können natürlich nur einmal eine Werbe-E-Mail an Ihre Liste schicken, bei einem guten Angebot kauft dann etwa jeder Hundertste. Wenn Sie dann eine Woche später ein Follow-Up (das bedeutet: eine weitere E-Mail) schicken, ist es bereits jeder 60., der bei Ihnen kauft.

Mit der folgenden Sequenz haben wir einen Verkauf pro 22,5 Empfänger erreicht.

17. E-MAIL-MARKETING

✓ **1. E-Mail:**

Etwas kostenloses zum Herunterladen oder Lerntipps (ohne Werbung)

Abschicken: Donnerstag, 11.00 Uhr

✓ **2. E-Mail:**

Erinnerung an das kostenlose Produkt. Hier wird nun auch das Angebot genannt. In der E-Mail stehen Fakten zum Produkt. Diese E-Mail spricht die Logik an. Abschicken: Sonntag, 17.00 Uhr

✓ **3. E-Mail:**

In dieser E-Mail wird genannt, was man mit dem Produkt erreichen kann.

Abschicken: Am folgenden Dienstag um 9 Uhr

✓ **4. E-Mail:**

Hinweis, dass das Angebot in Kürze ausläuft.

Teilen Sie den Lesern mit, wie viele Leute bereits das Produkt gekauft haben. Das Angebot wird wiederholt, weitere Fakten werden genannt.

Abschicken: Donnerstag, 14.00 Uhr

✓ **5. E-Mail:**

Häufig gestellte Fragen zum Produkt. Listen Sie alle Vorzüge des Produkts in Frage-/Antwortform auf. Je mehr Fragen, desto besser.

Abschicken: Sonntag, 16.00 Uhr

- ✓ **6. E-Mail:**

    „Nur noch wenige Exemplare verfügbar" oder „Nur noch bis morgen Abend verfügbar". In dieser E-Mail nennen Sie keine Inhalte des Produkts mehr, sondern zielen ausschließlich auf die Angst der Kunden, etwas zu verpassen.

    Abschicken: Am folgenden Mittwoch, 11.00 Uhr

Die eben vorgestellte Sequenz erfüllt folgende Kriterien:

- ✓ Die E-Mails werden zu verschiedenen Tagen und Zeiten abgeschickt (meistens zwischen 11.00 Uhr und 12.00 Uhr werktags, da hier die meisten Leute arbeiten und kurz vor der Mittagspause die höchste Aufnahmebereitschaft für eine „Ablenkung" haben), aber es wird auch an anderen Tagen der E-Mail-Sequenz eine E-Mail morgens und eine am Nachmittag verschickt – somit treffen Sie jeden Kunden mindestens einmal zu „seiner" richtigen Zeit.

- ✓ Sie sprechen mehrere Sinne an: In manchen E-Mails werden nur Fakten genannt, andere sprechen Emotionen an, andere zeigen, was man mit diesem Produkt anfangen kann oder welche Probleme das Produkt beim Kunden löst.

- ✓ Die E-Mails zielen auch bewusst auf Mitläufer ab, die nur deshalb das Produkt kaufen möchten, weil viele andere bereits gekauft haben.

- ✓ Sie spielen mit der Angst der Kunden, etwas zu verpassen.

17. E-MAIL-MARKETING

Statistik

Und so viele Kunden haben bei uns (mit der besten Sequenz) gekauft:

1. E-Mail: 0 (beinhaltete kein Angebot)
2. E-Mail: 1,3 Prozent bzw. jeder 75. Empfänger
3. E-Mail: 1,1 Prozent bzw. jeder 94. Empfänger
4. E-Mail: 0,6 Prozent bzw. jeder 171. Empfänger
5. E-Mail: 0,9 Prozent bzw. jeder 117. Empfänger
6. E-Mail: 0,6 Prozent bzw. jeder 163. Empfänger

Insgesamt: 4,5 Prozent bzw. jeder 22,47. Empfänger.

Da das angebotene Produkt 29,95 Euro gekostet hat, haben wir pro Empfänger 1,33 Euro Umsatz erzielt.

Noch ein Hinweis zu den Abmeldungen:

Pro Sequenz melden sich ca. 2 Prozent aller Empfänger bei uns und bitten darum, von der Liste entfernt zu werden. Dies kostet uns pro Sequenz nur wenige Minuten Arbeit.

Wie Sie eine solche E-Mail erstellen können

1. Bilden Sie eine Liste aus Ihren (eBay-)Kunden oder Newsletter-Abonnenten.

2. Senden Sie ihnen regelmäßig werbefreie E-Mails mit Tipps. Als Affiliate von Sprachenlernen24 können Sie alles kopieren, was Sie auf folgenden Seiten finden:

www.sprachenlernen24-blog.de

www.weltreisewortschatz.de

www.vokabel-des-tages.de

www.grammatiken.de

Oder abonnieren Sie den Demolektionen-Newsletter unter **www.sprachenlernen24.de**; alles, was Sie darin von uns bekommen, dürfen Sie selbst für Ihre Werbung weiterverwenden.

3. Erstellen Sie ein unschlagbares Angebot. Wenn Sie den Demolektionen-Newsletter unter **www.sprachenlernen24.de** abonniert haben, erhalten Sie automatisch immer wieder mal neuen Angebote, die Sie gerne weiterverwenden dürfen.

4. Versenden Sie diese E-Mail-Sequenzen jeweils über einen Zeitraum von ca. zwei Wochen.

5. Erstellen Sie alle ein bis zwei Monate ein neues Angebot für Ihre Kunden.

6. Wichtig: **Wir tolerieren keinen Spam.** Daher dürfen Sie Werbe-E-Mails **ausschließlich** an Ihre bestehenden Kunden oder selbst angemeldeten Newsletter-Abonnenten schicken.

18. Zeitmanagement: Wie Sie in vier Stunden Arbeit am Tag so viel erledigen können wie andere in neun Stunden

In diesem Kapitel erfahren Sie, wie Sie enorm produktiv werden können.

Wir zeigen Ihnen heute, wie Sie in nur wenigen Stunden so viele Aufgaben abhaken können, für die Sie früher einen ganzen Tag gebraucht hätten.

Ihr neues Aufgabensystem

Um Ihre Produktivität zu steigern, müssen Sie sich zunächst ein neues Aufgabensystem erarbeiten.

Dies kann zum Beispiel eine Box mit drei Fächern sein, die mit „Sofort", „Nächste Woche" und „Nächster Monat" beschriftet sind. Sie können dieses Fächersystem auch elektronisch anlegen, zum Beispiel in einem digitalen Kalender oder mit Hilfe von E-Mail-Ordnern.

Wichtige Termine sollten Sie in einem digitalen Kalender markieren.

Bitte beachten Sie, dass Sie alle Aufgaben an **einem Ort** aufbewahren. Nur so können Sie den Überblick bewahren.

Entscheiden Sie bei allen Aufgaben, die Sie erledigen möchten und auch bei allen Aufträgen oder E-Mails, die Sie in Ihrem Postfach finden:

1. sofort erledigen – oder:
2. auf die Aufgabenliste setzen – oder:
3. delegieren an andere – oder:
4. löschen

Die vier Kategorien von Aufgaben

Hier erklären wir Ihnen, wie Sie mit den sortierten Aufgaben umgehen:

1. Kategorie: „Sofort erledigen"

Alle Aufgaben, die weniger als drei Minuten in Anspruch nehmen, sollten Sie sofort erledigen, damit Sie den Kopf frei haben für Wichtiges. Wenn Sie eine rasch zu bewältigende Aufgabe erst aufschreiben und später erledigen, so sind Sie vielleicht eine Minute damit beschäftigt, diese zu notieren, obwohl die Aufgabe selbst nur eine Minute in Anspruch nehmen würde!

2. Kategorie: „Aufgabenliste für später"

Tragen Sie Aufgaben, die Sie später erledigen möchten, in eine Arbeitsliste – sprich: Ihren Terminkalender ein – oder legen Sie eine Notiz im oben beschriebenen Aufgabensystem ab.

3. Kategorie: „Delegieren"

Delegieren Sie alle Arbeiten, die jemand anderes mit der Hälfte

Ihres Stundenlohnes erledigen kann. Wenn Sie zum Beispiel durchschnittlich 40 Euro pro Stunde verdienen, so erstellen Sie eine Liste mit allen Arbeiten, die Sie gerne vergeben würden und die jemand anderes für maximal 20 Euro pro Stunde erledigen könnte. Dafür können Sie entweder jemanden einstellen oder die Arbeiten freiberuflich vergeben.

4. Kategorie: „Löschen"

Jeder Mensch wird tagtäglich mit sinnlosen Aufgaben konfrontiert, bei denen es besser wäre, diese nicht zu erledigen. Dies können sein:

- überflüssige Besprechungen und Meetings
- sinnlose E-Mail-Anfragen
- alle paar Minuten in den E-Mail-Eingang schauen
- lange Telefonate führen, die sich per E-Mail viel schneller erledigen lassen könnten

Lesen Sie hierzu einen interessanten Artikel über „das Pareto-Prinzip":

de.wikipedia.org/wiki/Paretoprinzip

Dieses Prinzip besagt, dass 80 % der Zeit nur 20% des Nutzens bringen. Anders gesagt, bereits mit 20% der Zeit würden Sie 80% Ihrer Ziele erreichen!

Drei Aufgaben des Tages

Nehmen Sie sich in den letzten zehn Minuten eines Arbeitstages Zeit, drei Aufgaben für den nächsten Tag festzulegen.

Fangen Sie jeden Arbeitstag mit so einer Liste an.

Erledigen Sie die wichtigste Aufgabe dieser Liste, BEVOR Sie irgendetwas anderes machen – also beispielsweise auch, bevor Sie Ihre E-Mails lesen.

Eine dieser Aufgaben könnte zum Beispiel darin bestehen, Ihren Shop voranzubringen oder etwas Neues zu entwickeln.

Der richtige Zeitpunkt, um E-Mails zu lesen

Lesen Sie nur noch zwei- bis dreimal am Tag Ihre E-Mails und schalten Sie die automatischen Benachrichtigungen bei neuen E-Mails ab. Wenn Sie permanent Ihre E-Mails kontrollieren, werden Sie auch permanent von Ihrer Arbeit abgelenkt. Haben Sie schon mal Ihren Laptop mit auf den Balkon genommen und dort (ohne Internetanbindung) Arbeiten verrichtet? Probieren Sie das aus! Sie werden erstaunt sein, wie effizient Sie arbeiten können, wenn Sie nicht durch neue Mails oder Pop-Ups abgelenkt werden.

Wenn Sie sehr viele E-Mails beantworten müssen, rufen Sie alle E-Mails auf einmal ab und schalten Sie dann Ihr E-Mail-Programm in den Offline-Modus um.

Wenn Sie nun Ihre E-Mails beantworten, werden diese erst abgeschickt, wenn Sie wieder in den Online-Modus wechseln. Sie erhalten zudem keine weiteren, neuen E-Mails. Damit vermeiden Sie auch, dass Sie bereits während des Beantwortens der Mails Antworten auf Ihre gerade gesendeten Mails erhalten.

Verfahren Sie mit allen E-Mails, in denen Aufträge an Sie stehen, so wie oben unter „Aufgabensystem" beschrieben.

Der schnelle Weg zu Ihrem perfekten E-Mail-Konto

Ich empfehle Ihnen aus Gründen der Seriosität, dass Sie sich eine eigene Domain einrichten. Diese erhalten Sie bereits für weniger als einen Euro pro Monat – lesen Sie einfach die Werbung in einer beliebigen Computerzeitschrift, dort inserieren alle großen Anbieter dieser Dienstleistung (Hoster).

Richten Sie sich danach eine E-Mail-Adresse ein, die Sie per IMAP abrufen können. Bei IMAP verbleiben alle E-Mails immer auf dem Server. Sie können (wie bei den Freemailern) beliebig viele Unterordner anlegen. Große Hoster wie „1und1" oder „Strato" bieten Postfächer mit über einem Gigabyte an Datenspeicher an. Nach über 10 Jahren ist mein persönliches Postfach erst zu 12% gefüllt; mein IMAP-Konto wird daher voraussichtlich mein ganzes Leben lang nie zu klein werden – und dass, obwohl ich alle Mails aufhebe, selbst die mit Anhang.

Dadurch, dass alle E-Mails dauerhaft auf dem Server bleiben, haben Sie immer und überall darauf Zugriff, von jedem x-beliebigen Linux- oder Windowsrechner und sogar mit dem USB-Stick im Internetcafé in Thailand.

Das perfekte Betriebssystem

Seit einigen Jahren arbeiten wir ausschließlich mit Ubuntu Linux:
www.ubuntu.com/download/desktop

Dieses Betriebssystem lässt sich auch zusätzlich zu Windows installieren und ist mittlerweile soweit ausgereift, dass es praktisch jeder versteht. Unsere Mitarbeiter empfinden Ubuntu mittlerweile als wesentlich leichter zu bedienen als Windows. Zudem gibt es hierbei auch keine Viren, die den Rechner infizieren oder beschädigen könnten!

Seitdem wir Ubuntu Linux einsetzen, benötigen wir auch keinen Systemadministrator, da das Betriebssystem innerhalb von einer halben Stunde (inklusive aller Software!) installiert werden kann – komplett ohne Vorkenntnisse.

Unser E-Mail-Programm

Wir verwenden Thunderbird als E-Mail-Programm. Dieses Programm funktioniert unter Windows und Linux und lässt sich außerdem auf einem USB-Stick installieren:

portableapps.com/apps/internet/thunderbird_portable/

So hat jeder von uns Thunderbird stets dabei und kann auch an Fremdrechnern jederzeit problemlos seine E-Mails lesen.

Unsere Mitarbeiter nehmen den USB-Stick auch in den Urlaub mit und können so überall auf der Welt ihre Mails empfangen ohne auf Programme (zum Beispiel den Browser) der fremden Rechner angewiesen zu sein.

Weitere Softwareempfehlungen

Firefox (Internet Browser): www.mozilla-europe.org/de/firefox/ oder für den USB-Stick: www.portableapps.com/

OpenOffice: Kostenloses Tabellenkalkulations- und Textprogramm: Erspart Ihnen die Anschaffung von Word und Excel

– ohne, dass Sie auf etwas verzichten müssen. **de.openoffice.org** oder für den USB-Stick: **www.portableapps.com**

Skype:

Kostenloser Messenger. Wenn Sie Ihr Skype-Konto für einige Euro mit „Skype Credits" aufladen, können Sie von Ihrem Laptop aus weltweit richtige Telefone anrufen, egal wo Sie sich befinden. Anrufe nach Deutschland kosten beispielsweise nur etwa 2 Cent/Min. Ideal für den Urlaub; W-Lan oder eine andere Internetverbindung sind hierbei erforderlich. **www.skype.com**

Dropbox:

Dropbox ist ein Programm, das Dateien zwischen mehreren Computern synchronisiert. Wer es installiert hat und Dateien im Dropbox-Ordner speichert, dessen Daten werden bei Dropbox gespeichert und auf allen Rechnern, die man benutzt, synchronisiert. Zudem sind von den Dateien alle Änderungen der letzten 30 Tage abrufbar. Dropbox ist damit ideal für alle, die zum Teil zu Hause, zum Teil im Büro arbeiten – denn nun müssen keine Daten mehr hin- und hertransortiert werden.

Besuchen Sie einfach die Dropbox-Webseite und melden Sie sich an: **www.dropbox.com** Klicken Sie danach auf die Download-Seite und installieren Sie die Software.

Dropbox gibt es auch für Android und fürs iPhone.

Evernote:

Mit Evernote können Sie mit dem Handy Notizen machen, Fotos schießen und Sprachaufnahmen machen, diese werden anschließend auf dem Evernote-Server für immer gespeichert und können jederzeit abgerufen werden – auch auf der Homepage von Evernote vom PC aus. Damit haben Sie immer einen perfekten Notizblock dabei. Text auf Fotos (zum Beispiel wenn man Visitenkarten oder eine geduckte Seite abfotografiert) ist jederzeit suchbar.

www.evernote.com

Evernote gibt es auch für Android und fürs iPhone.

Weiterführende Literatur zum Zeitmanagement

„Die 4-Stunden-Woche: Mehr Zeit, mehr Geld, mehr Leben", Timothy Ferriss, ISBN 9783430200516

„Wie ich die Dinge geregelt kriege: Selbstmanagement für den Alltag", David Allen, ISBN 978-3937051451

18. ZEITMANAGEMENT

Danksagung

Vielen Dank an das gesamte Sprachenlernen24-Team:

Angela Greding, Arnold Tolnai, Attila Makai, Ben Parker, Catherina Setiawan, Christine Tettenhammer, Christoph Gollub, David Barenberg, Diana Barenberg, Franziska Amann, Jan Gallas, Jennifer Stock, Joshua Rinaldi, Katja Wohlmeier, Lusy Tutupoly, Magdalena Schwojer, Magdalena Viehbacher, Manuela Droste, Merlyne Tani, Monika Eder, Regina Schwojer, Ryan Thajib, Sebastian Müller, Veronika Amann, Veronika Gstöttl, Veronika Viehbacher und Victor Widjaja.